杨树病虫害识别与防治生态原色图鉴

韩国生　刘仁军　马喜英　主编

辽宁科学技术出版社
·沈阳·

图书在版编目（CIP）数据

杨树病虫害识别与防治生态原色图鉴／韩国生，刘仁军，马喜英主编．—沈阳：辽宁科学技术出版社，2018.04
ISBN 978-7-5591-0452-6

Ⅰ．①杨…　Ⅱ．①韩…　②刘…　③马…　Ⅲ．①杨树—病虫害防治—图集　Ⅳ．①S763.721.1-64

中国版本图书馆CIP数据核字（2017）第263342号

出版发行：辽宁科学技术出版社
（地址：沈阳市和平区十一纬路25号　邮编：110003）
印 刷 者：辽宁新华印务有限公司
经 销 者：各地新华书店
幅面尺寸：185 mm × 260 mm
印　　张：12.5
字　　数：286千字
出版时间：2018年4月第1版
印刷时间：2018年4月第1次印刷
责任编辑：郑　红　卢山秀
封面设计：李　嵘
责任校对：王玉宝

书　　号：ISBN 978-7-5591-0452-6
定　　价：120.00元

《杨树病虫害识别与防治生态原色图鉴》

编撰人员

主　　编

韩国生　刘仁军　马喜英

副 主 编

王晓东　范大庆　孙　强　林家金　庄常生　郭　辉
崔文山　谭吉敏　仁怀双　曹立科

编撰人员

张瑶琦　于洪志　高东东　刘　杰　房　钢　刘　穆
张佩洁　王　杰　孟昭煜　舒　红　王敏慧　赵明晶
高　雷　张璐璐　闫文文　李金玉　王　超　金晓红
张　萍　冉亚丽　任振波　张铁利　周佳辰　冯　晓
刘　军　赵　聪　黄凤玉　王　涛　季长龙　姜海燕
张琳琳　雷鸣雷　邵奎福　胡忠义　刘洪军　张伟岩
谷红军　裴明阳　尚　键　肖永杰　高　纯　陈　军
杨云博　芮小林　李建新　张贵文

1999年以来，在辽宁省委、省政府的领导下，经全省人民的共同努力，我省植树造林和城镇绿化取得了跨越发展。杨树成为造林绿化主要树种，尤其是平原地区和几万公里“绿色通道”工程几乎全部是杨树，面积已超过几千万亩。目前，这些新植幼林和中幼林正处于易受病虫害为害期。逢发生严重年份，致使大片杨树树势衰弱，死树或毁林，造成严重经济损失和生态环境破坏。为了保护森林资源，加速我省生态建设和林业发展，巩固造林绿化成果，满足林业生产单位和广大林农、专业技术人员对杨树病虫害防治技术的急切需求，编辑《杨树病虫害识别与防治图鉴》一书，大力推动科学技术普及，对于提高保护林业资源科技水平具有指导作用和重要意义。

此书编辑64种主要杨树病虫害识别与发生为害规律、防治技术。其中害虫52种，病害12种，编写每个种类种名、学名、分布、主要形态描述、发生为害规律、主要防治技术。采取图文并茂方式，达到直观、易懂、明了。每种文字描述800~1 000字。每种病虫害配有3~10个原色生态图片及防治操作现场图片。防治技术突出营林措施、生物防治、物理防治、人工防治等无公害防治技术，达到科学性、先进性、专业性、通俗性、操作性、实用性相结合。由于编者水平有限，书中错误在所难免，敬请指正赐教。

编者

2017年3月6日

一、害虫部分

二、病害部分

三、林间常见天敌昆虫

（一）寄生性天敌昆虫

（二）扑食性天敌昆虫

一、害虫部分

1 杨干象 *Cryptorrhynchus lapathi* Linnaeus

杨干象属鞘翅目，象虫科。又名杨干隐喙象、杨干象鼻虫。幼虫初期在树干、枝韧皮部和木质部之间环绕蛀道为害，后蛀入木质部为害，造成枝干枯萎、风折，严重为害时整株、大片林枯死，是杨树毁灭性害虫。被列为国家级森林植物检疫对象。

寄主：

杨、柳、赤杨、桦、桤木。

分布：

陕西、甘肃、新疆；东北、华北；日本、朝鲜；西伯利亚、欧洲、北非、北美。

形态特征：

成虫：主要特征为喙基部着生 1 对，前胸背板前方 2 个，后方 3 个横列及鞘翅第 2、6 刻点沟列间部有 6 个黑色毛簇。鞘翅尾部 1/3 处向后倾斜，形成三角形斜面，上面覆盖较密白色鳞片。足腿节密被白色鳞片，并夹杂黑色直立鳞片簇。

雌虫体长 10mm 左右，雄虫 8mm 左右，长椭圆形，黑褐色，密被灰褐色鳞片，相间白色鳞毛，形成几条不规则横带。头部前伸，喙弯曲呈象鼻状，触角膝状 9 节。喙、触角、跗节赤褐色。前胸背板宽大于长，两侧近圆形。雄虫尾端圆形，雌虫尾端尖形。

卵：长 1.3mm，椭圆形，乳白色。

幼虫：老熟幼虫体长 8~9mm，乳白色或黄白色。头黄褐色，顶有“Y”形脱裂缝。前胸背板具 1 对黄色硬皮板，中、后胸由 2 小节组成，胸足退化，为无足型。胴体部弯曲呈马蹄形，侧板、腹板隆起，腹部 1~7 节由 3 小节组成，气门黄褐色。

蛹：体长 8~9mm，乳白色，裸蛹。 前胸背板上有数个突出刺，腹部背面散生许多小刺，尾端有 1 对向内弯曲褐色小钩。

发生与为害：

1 年发生 1 代，以初孵幼虫和卵在树干、树皮内越冬。翌年 3 月下旬，越冬幼虫开始活动，4 月上旬越冬卵相继孵化，首先在皮下木栓层，后在韧皮部和木质部之间环绕枝干蛀道取食，在蛀道末端咬一针刺小孔，由小孔排出有褐色丝状排泄物，并常在小孔处渗出树液，蛀道处表皮红褐色，下凹，呈油浸状。后幼虫向上蛀入木质部为害。5 月下旬在坑道末端蛹室内头朝下化蛹，蛹室两端用丝状木屑封闭。6 月中旬成虫羽化，7 月中旬为成虫盛期，7 月末羽化终结。6 月中旬至 10 月均可见到成虫，成虫羽化后取食补充营养，常见在枝干上留下无数针刺状小孔，产卵先在叶痕和树皮裂缝木栓层处，先咬一产卵孔，每孔产 1 粒卵，然后排出黑色分泌物，将孔封堵。雌虫平均产卵量 44 粒，寿命平均 63 天。主要为害 3 年以上幼树主干、大树大枝，一般不在 1~2 年生枝条上为害。树干被害处后期，外部树皮断裂呈“刀砍”状，但在“3930”、辽宁杨等速生杨上，幼虫直接蛀入木质部，树皮没有呈“刀砍”被害状 。“3930”、辽宁杨等速生杨树品种最易遭其为害。被害树易造成风折，往往造成幼树主枝折断，丧失栽培价值，甚至毁林。被害大树造成林地大量断枝、树势衰弱，甚至枯死。是杨树毁灭性害虫，现被国家列为森林植物检疫对象。近年，由于大面积集中营造杨树人工纯林，杨干象普遍发生，呈逐年扩散蔓延趋势，为害加重，对杨树新植林、幼林和成林造成极大威胁。

防治方法：

1. 严格检疫、加强监测：对苗圃 3 年生大苗实施全覆盖严格检疫，对新植林、幼林及时进行跟踪检疫，检出疫苗立即清除烧毁或除治。对苗圃、林地及周围杨树做到定期全面巡查监测。做到及时发现，及时预防，及时防治，及时清除虫源树，彻底消灭虫源。

2. 点涂法：早春在小幼虫开始为害，发现在被害处有红褐色丝状排泄物，并有树液渗出易识别期，用 40% 氧化乐果乳剂 1 份加少量 80% 敌敌畏乳剂对 20 份水配制的药液，点涂侵入孔。后期虫龄增大，可用 40% 氧化乐果乳剂、50% 久效硫磷乳剂、60% 敌马合剂 30 倍液用毛刷或毛笔点涂幼虫排粪孔和蛀食坑道处，涂药量以排粪孔排出气泡为宜。也可用器械扩大侵入孔，用磷化铝颗粒剂塞入，然后用黏土泥封堵入孔效果更佳。

3. 涂环法：初期为害状不明显，在 4 月中、下旬树液开始流动时，采用 40% 氧化乐果或 50% 久效硫磷乳剂 1 份对 3 份水配制药液，用毛刷在幼树树干 2m 高处，涂 10mm 宽药环 1~2 圈。此法适用于 3~5 年生幼树。

4. 施药防治：6 月下旬至 7 月下旬成虫出现期，向树干、树冠喷洒绿色威雷（4.5% 高氯菊酯）触破式微胶囊剂 1 000 倍液；用 50% 吡虫啉可湿性粉剂 1 000 倍液、2.5% 溴氰菊酯乳油 1 000 倍液、40% 杀螟松乳油、40% 氧化乐果乳油 800 倍液，每隔 7~10 天喷洒 1 次。

5. 振落扑杀：成虫发生期，利用成虫有假死习性，于清晨、傍晚时振动树枝，将振落下的假死成虫扑杀。

6. 保护利用天敌：保护利用林中啄木鸟。在靠近河流、湖泊水源条件较好的林地，树上可挂旧木段招引啄木鸟做巢。

雄成虫

雌成虫

成虫交尾

成虫背面特征

卵

幼虫

树干内幼虫被害状

树干内老熟幼虫

蛹（侧面）

蛹（背面）

蛹室中蛹

初期为害状

为害状（速生杨）

后期被害状（刀砍状）

树干内被害状

后期被害状

被害状（风折）

被害状（风折）

2 白杨透翅蛾 *Paranthrene tabaniformis* Rotteberg

白杨透翅蛾，属鳞翅目，透翅蛾科，是杨树危险性枝干害虫。幼虫为害树干及顶芽，为害树干多从叶腋处侵入，初期，在木质部和韧皮部之间围绕蛀食，致使被害处组织增生，逐渐形成瘤状虫瘿，然后幼虫蛀入髓部为害。易被风折，幼树折干，大树折枝，对苗圃苗木、新植林、幼林可造成毁灭性灾害。从顶芽侵入为害抑制顶芽生长，徒生侧枝，形成秃顶。1~3 年生幼树被害严重。被列为省级补充检疫对象。

分布:

江西；东北、华北、西北、华东；蒙古、叙利亚、阿尔及利亚；西伯利亚、欧洲。

寄主:

杨、柳。

形态特征:

成虫：主要特征为头、胸部之间有一圈橙黄色鳞片围绕。中、后胸肩板各有两处黄色鳞片。雌蛾腹部 2、4、6 节前缘橙黄色，腹末黄褐色鳞毛 1 簇，雄蛾腹部 2、4、6、7 节前缘橙黄色，腹末黑色鳞毛覆盖。前翅狭窄，褐黑色，中室略透明，覆盖赭色鳞片，后翅扇形全透明。雄成虫触角双栉齿状，尖端弯曲，近棒状，雌虫栉齿状尖端弯曲不明显，顶端光秃。

体长 11~20mm，翅展 22~38mm，青黑色。头部半球形，头顶有黄褐色毛簇 1 束，足细长，胫节外缘密布橙黄色鳞毛。前足胫节具中距 1 对，中足胫节具端距 1 对，后足胫节具中距、端距各 1 对。

卵：黑色，椭圆形，长 0.60~0.95mm，表面微凹入，有灰色不规则多角形刻纹，精孔黑色。

幼虫：主要特征臀节背面有 2 个深褐色略向上翘起的刺。腹足趾钩 10~12 根，排列单序二横带式，臀足趾钩 8~9 根，横带式。

老熟体长 30~33mm，黄白色，圆筒形。头浅褐色，触角短小、3 节，胸足发达。气门椭圆形、深褐色，腹部末端有 14 个臀棘。初龄幼虫淡红色。

蛹：体长约 20mm，被蛹，近纺锤形，褐色。腹部 2~7 节背面各有横列倒刺两排，

9~10 节背面有横列倒刺 1 排，腹末有 14 个臀棘，肛门两侧有 2 个刺。

发生与为害：

1 年发生 1 代，以幼虫在被害枝干木质部内坑道末端越冬，翌年 4 月中下旬开始活动为害，5 月下旬在排粪孔附近木质部蛀做羽化道，在蛹室下部用碎木屑和吐丝连缀做一薄盖堵死，在其中化蛹，头朝下。羽化时将半个蛹壳留挂在羽化孔内，6 月中旬至 7 月下旬成虫出现期，成虫喜光，10—13 时活动最盛，飞翔力很强，颇似胡蜂。成虫选择在叶腋、叶柄基部、顶芽、旧羽化孔、伤口、树皮裂缝产卵。平均产卵量 440 粒。7 月上旬新幼虫孵化，在 1 年生梢部和叶腋基部直接侵入枝干，有的迁移从伤口或旧被害孔侵入，2、3 年生幼树还可从树皮裂缝侵入，很快就有粪便和碎屑排出，先在树皮下围绕蛀食，枝干被害处膨大形成瘤状虫瘿，5 龄幼虫蛀入髓部，蛀道在侵入孔上方，幼虫为害到 10 月越冬。被害枝干易遭风折，被害严重新植林甚至毁林。

近年辽宁平原地区苗圃苗木，集中新营造杨树速生林、农田防护林、绿色通道工程林中发生为害较为严重。

防治方法：

1. 严格检疫，从源头控制：苗圃实施苗木全覆盖检疫，发现疫情及时清除全部烧毁或及时除治。实行从苗木预防，从源头控制，做到“一无、三不”，即苗圃无疫苗、疫苗不出圃、疫苗不栽植、疫苗不外运。对新植林、幼林及时进行跟踪检疫，检出疫苗立即清除烧毁或除治。

2. 涂药、注药堵孔防治幼虫：7 月上旬至 8 月中旬，用 40% 氧化乐果乳油或 10% 吡虫啉可湿性粉剂、80% 敌敌畏乳油各 1 份，对 40 倍水配制成药液，再加入少许柴油混合药液，用毛刷点涂初期侵入孔，后期幼虫钻入木质部改用注射器向侵入孔内注药。在 1~3 年生林地，夏秋季节在虫瘿上部 2~3mm 处钻孔，用磷化铝颗粒剂或 80% 敌敌畏乳油做成毒泥堵孔。

3. 防治成虫及卵：6 月中旬至 7 月下旬，每隔半月，在苗木和幼树上喷洒 2.5% 三氟氯氰菊酯、2.5% 溴氰菊酯（敌杀死）乳油 2 000 倍液或 50% 辛硫磷乳油 800 倍液、1.8% 阿维菌素乳油 1 000 倍液、80% 敌敌畏乳油 500~1 000 倍液。

4. 成虫趋避法：在成虫期，使用 80% 敌敌畏原液蘸在带棍棉球上，插在苗地四周可趋避成虫，每 7~10 天防治 1 次。

5. 天敌控制：苗圃周围适当保留大树，条件较好林分可挂旧木段，以便招引天敌啄木鸟筑巢啄食。

6. 诱捕法：成虫期可用白杨透翅蛾性信息素诱捕器诱杀雄成虫。

雄成虫

雌成虫

卵

幼虫

蛀道内幼虫

老熟幼虫

蛹

初孵幼虫侵入

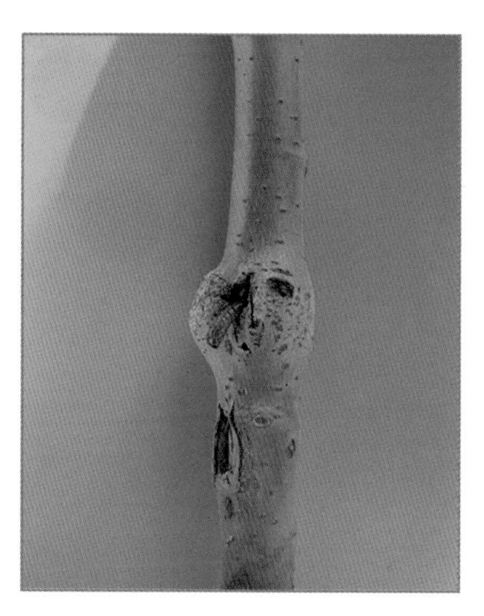
羽化孔及残留蛹壳

幼林被害状

3 青杨天牛 *Saperda populnea* Linnaeus

青杨天牛属鞘翅目，天牛科。亦称山杨天牛。主要以幼虫为害枝干，特别是1~2年生枝梢。幼虫初期在韧皮部和木质部之间蛀食，后蛀入木质部为害，为害处形成纺锤形瘿瘤，被害易造成枝梢枯萎或风折、大树树冠畸形、幼林地缺苗断带、苗圃毁苗。青杨天牛是杨树危险性害虫，被列为省级补充检疫对象。

分布：

东北、华北、西北；朝鲜；欧洲、北非。

寄主：

杨及柳。

形态特征：

成虫： 主要特征为前胸梯形，背面平坦，有 3 条纵向黄色带。鞘翅两侧平行，两鞘翅上各有 4~5 个纵向距离几乎相等的黄色茸毛斑，斑纹形状不整齐。复眼黑色，椭圆形。

雄虫体长 11mm，体色深黑色，密被浅黄色茸毛。前胸背板 3 条黄带，中间黄带较细。触角鞭状，柄节粗大，最短，第 3 节最长，其后各节逐渐变短。雄虫触角长与体长相等。雌虫体长 13mm，体色浅，密被浅黄色茸毛。前胸背板 3 条黄带几乎相同。触角长短于体长。

卵： 长 2.4mm，圆筒形，中央稍弯曲，两头稍尖。初产乳白色，孵化前深褐色。

幼虫： 老熟幼虫体长 13.0~15.5mm，深黄色，体稍扁，体背有 1 条明显中线。头小，褐色，缩入前胸。前胸宽阔，两侧隆起，中央凹入。背、腹部 1~7 节有纺锤形步泡突。初孵幼虫体扁平，乳白色。中龄幼虫圆筒形，浅黄色。

蛹： 体长 11~15mm。初期乳白色，后为褐色，背中线明显。头部下倾在前胸之下，触角由两侧卷曲于腹下。

发生与为害：

东北地区 1 年发生 1 代，以老熟幼虫在被害枝内坑道中越冬。翌年 4 月上旬化蛹，蛹期 26 天左右。成虫出现期 5 月上旬至 6 月中旬，羽化孔规则圆形，在侵入孔上方。成虫白天活动，中午特别活跃，在叶面、叶柄处取食补充营养，取食量不大，咬成不规则缺刻和小麻点。3~5 天后交尾，5 月中旬开始产卵。产卵前雌虫寻找 5~9 mm 的枝干，先咬 1 个倒马蹄形刻痕，在刻痕中间将 1 粒卵产在韧皮部下，平均产卵量 31 粒，卵期 7~11 天。5 月下旬卵相继孵化，幼虫初期取食周围边材和韧皮部，稍大围绕树干环食，排泄物往往从侵入孔排出，虫龄增大，开始向刻痕上方木质部和髓部蛀食。受害部位膨胀形成纺锤状虫瘿，虫瘿上保留塌陷倒马蹄形产卵刻痕。8 月末幼虫逐渐老熟，9 月末 10 月初以木屑堵塞坑道，做成蛹室于其中越冬。主要为害 1~2 年生 5~9mm 幼树主干和大树枝条，有的被害枝条上有数个虫瘿成串，呈“糖葫芦”状，被害易造成枝梢枯萎或风折、大树树冠畸形，对杨、柳树新植林、幼林、苗木的为害极大，但对枝干 10mm 以上的杨树枝梢影响甚小。近年由于大面积集中营造杨树速生纯林、农田防护林、绿色通道工程等，青杨天牛为害呈加重趋势。

防治方法:

1. 检疫措施：对苗圃杨树苗木全覆盖检疫，对调出、调入杨树苗木全覆盖检疫，对新植林、幼林地进行全覆盖跟踪检疫。及时发现，立即清除烧毁和除治，是达到预防为主的最佳措施。

2. 人工剪除：对苗圃 2~3 年生在苗木、幼树和新植林，冬季结合修枝剪除虫瘿，集中深埋、烧毁。

3. 点涂防治幼虫：5 月中下旬用 40% 氧化乐果乳油或 10% 吡虫啉可湿性粉剂、80% 敌敌畏乳油各 1 份对 20 份水配制的药液点涂马蹄形刻槽，毒杀卵和初孵幼虫。

4. 施药防治成虫：5 月上旬，向成虫期树干、树冠喷洒 2.5% 溴氰菊酯乳油 2 000 倍液、40% 杀螟松乳油 800 倍液、40% 氧化乐果乳油 800 倍液、25% 杀虫双水剂 1 000 倍液 2~3 次，每隔 7~10 天喷洒 1 次。

5. 振落扑杀成虫：成虫发生期，利用其有假死习性，在清晨和傍晚，突然振动树干，扑杀落下成虫。

6. 释放、保护利用天敌：释放人工繁育管氏肿腿蜂寄生天敌，根据虫口发生密度，释放蜂、虫比例 5 ∶ 1。啄木鸟是重要天敌，注意加以保护，可在林间挂旧木段招引。

雄成虫侧面

雄成虫背面

雌成虫

成虫交尾

初羽化成虫

虫瘿及羽化孔

产卵刻槽

卵

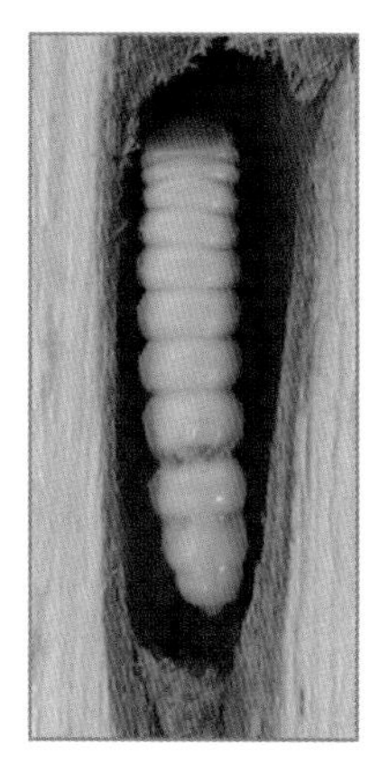

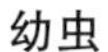

幼虫

蛹

枝条被害状

幼林被害状

天敌——啄木鸟

4 美国白蛾 *Hyphantria cunea* Drury

美国白蛾属鳞翅目，灯蛾科，又名秋幕毛虫，是世界性检疫害虫。寄主种类多，适应能力强，分布范围广，产卵量大，繁殖率高，幼虫有较强的耐饥饿性，物流交通工具携带远距离传播概率大，是为害极大食叶害虫。暴食期几天可将整株、全林树叶吃光。被列入国家森林植物检疫对象。

分布：

辽宁大部分地区；河北、山东、天津、陕西、河南；日本、朝鲜；北美、欧洲。

寄主：

杨、柳及糖槭、桑树、白蜡、榆树、悬铃木、臭椿、花曲柳、枫杨、核桃楸、栎、桦等，果树类山楂、杏、苹果、桃、李、海棠等100多种阔叶树，还可取食多种农作物、蔬菜、杂草。

形态特征：

成虫：主要特征为前足基节、腿节橘黄色，胫节、跗节白色上有黑斑。中足胫节外缘橙黄色，是与相似榆毒蛾、杨毒蛾、柳毒蛾的主要区别。

白色中型蛾，体长9~12mm，雄蛾翅展23~34mm，雌蛾翅展33~44mm。头白色，复眼黑色，雄虫触角为双栉齿状，黑色，雌虫为锯齿状，褐色。前后翅白色，雄成虫第1代大多前翅有浓密褐色斑点，第2代个别有斑点。

卵：长0.5mm，球形，初产淡绿色，后色逐渐变深，上覆被雌成虫脱落白色体毛，几百粒卵排成片块状。

幼虫：老熟幼虫体长28~35mm，圆筒形。头黑色，背部有1条灰黑色或深褐色宽纵带，毛疣发达，着生白色、褐色、黑色毛丛，体侧淡黄色，着生橘黄色毛疣，侧线，气门下线黄色。1龄幼虫体黄绿色，背部有2行黑色刚毛片；2龄幼虫体黄色，背部有黑色毛疣；3龄幼虫背部出现灰绿色纵带，有2行大黑毛疣、2行小黑毛疣；4~5龄幼虫背部为灰黑色，背中线，气门上、下线黄色；6~7龄幼虫体黄绿色或灰黑色。

蛹：被蛹，体长8~15mm，暗红褐色，腹部末端有臀棘8~17根，每根端部膨大凹陷呈盘状。

发生与为害：

辽宁1年发生2代，遇个别高温年份曾发生2.5代或3代现象。以蛹在树冠下表土下、树皮缝内、墙缝里越冬。翌年4月末5月初开始羽化成虫，卵通常产于叶背，每头雌蛾一般可产卵500~800粒。最多超过千粒。卵期15天左右。幼虫孵出几个小时后即吐丝结网，开始吐丝缀叶1~3片，幼虫1~3龄期有群聚结网为害习性，随着幼虫生长，食量增加，更多的新叶被包进网幕内，网幕也随之增大，最后犹如一层白纱包缚整个树冠。4龄后分散取食为害。第2代成虫羽化期7月下旬至8月中旬，8月初出现幼虫开始取食为害，9月中旬至10月中旬化蛹越冬。

1~2龄幼虫：群居在1~2片叶小网幕内，只取食叶肉，留下叶表皮，被害叶呈透明纱网状。

3龄幼虫：吐丝把多片叶甚至整个枝条结在网内，在其内群聚取食，并可将叶片咬透。

取食量逐步增大，网幕不断扩展，最大网幕长可达 1m 以上。

4 龄幼虫：开始分散，几十头做一个网，在其内取食，食量加大。

5 龄幼虫：不再做网，不再聚集，全部个虫分散取食，食量增大。

6~7 龄幼虫：到暴食期，几天内常将整株和成片林树叶吃光。如果树木叶片被吃光，幼虫便下树转移至其他林木、农作物、蔬菜及杂草等取食继续为害。

老熟幼虫：下树寻找树皮缝隙或土中化蛹。

美国白蛾第 1 代各虫态发育较为整齐，第 2 代发育世代非常不整齐，有世代重叠现象。美国白蛾喜光、喜温，故在四旁树、绿地、林网、疏林地、路树、果园发生为害较重。气温高，干旱年份对白蛾繁殖、种群数量增殖有利，为害加重。

1979 年传入我国辽宁。目前已传播扩散在我省大部分地区，大发生时将整株或成片树叶吃光，严重影响树木生长，影响绿化景观和生态环境。在住宅区大量老熟幼虫下树时沿墙从门窗爬入房屋内，骚扰居民正常生活。

防治方法：

1. 人工摘虫网：6 月上旬至 7 月中旬、8 月上旬至 9 月上旬，两代幼虫群聚集在网幕内期，极易观察发现，采取人工将网幕连同小枝剪除，发现一个立即剪除一个，集中深埋或烧毁，此方法经济有效，而且环保。

2. 绑草把诱集：7 月中旬至 8 月上旬，9 月下旬至 10 月上旬，两代老熟幼虫下树化蛹期间，在树干离地面 1m 处绑草把诱集在其中，待化蛹结束后，解下草把集中烧毁。

3. 喷施生物药剂：幼虫 4 龄期前，树冠喷洒 Bt（苏云金杆菌）乳剂配制，浓度含量为 1 亿活芽孢 /mL 稀释药液、25% 灭幼脲 3 号胶悬剂 6 000 倍液；1.2% 苦参碱可溶解液剂 1 000~2 000 倍液、24% 米满胶悬剂 8 000 倍液、20% 杀铃脲悬浮剂 8 000 倍液。

4. 施药防治：幼虫 4 龄分散后，喷洒 2.5%（溴氰菊酯）敌杀死乳油 5 000 倍液、20% 速灭（氰戊菊酯）杀丁乳油 5 000 倍液、1.8% 阿维菌素乳油 2 000 倍液、90% 敌百虫晶体 600~800 倍液、50% 敌马合剂乳油 1 000 倍液。

5. 释放人工繁育天敌：化蛹前，释放人工繁育周氏啮小蜂，放蜂量，蜂虫比 3 ∶ 1~5 ∶ 1，时间早晚无风无雨，放置蜂蛹位置最好在树冠内。

6. 性信息素诱捕成虫，用美国白蛾性信息素诱捕器诱杀雄成虫。

7. 美国白蛾第 1 代发生期较为整齐，因此集中重点防治第 1 代，防效显著，可有效控制第 2 代发生。组织专业人员监测及时准确预报，在幼虫初期，群居在网幕内，集中人工重点防治是控制美国白蛾的关键。

雄成虫

雌成虫

1 代成虫交尾

2 代成虫交尾

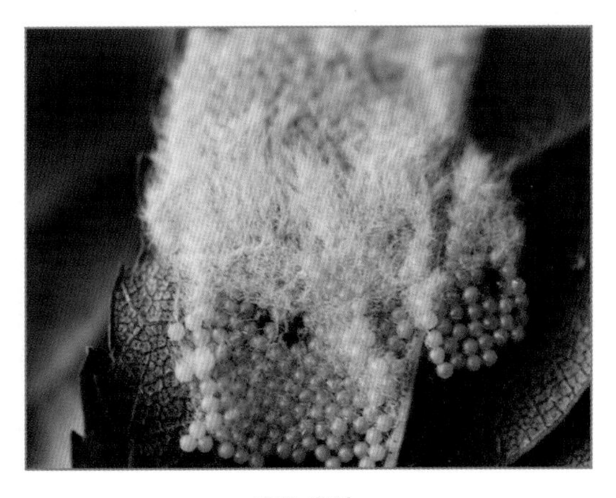

卵和卵块

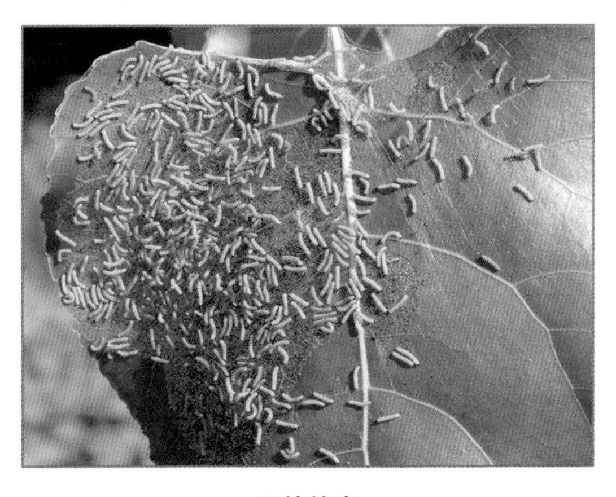

1 龄幼虫

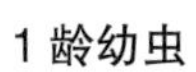

1 龄幼虫

2 龄幼虫

3 龄幼虫

4 龄初幼虫

4 龄幼虫

5~6 龄幼虫

7 龄幼虫

地面浅土层的蛹

树皮裂缝中的蛹

园林树木被害状

路树被害状

防护林被害状

玉米被害状

蔬菜被害状

树冠喷药防治

5 光肩星天牛 *Anoplophora glabripennis*（Motschulsky）

光肩星天牛属鞘翅目，天牛科，是杨树重要蛀干害虫。主要为害大树、衰弱木。从主梢枝椏处以上侵入，以幼虫在树干内钻蛀坑道为害，造成树势衰弱，降低材质，为害严重整株、全林枯死。

分布：

东北、华北、西北、华中、华东、西南、华南；东亚地区。

寄主：

杨、柳、榆、槭、枫、桑、苦楝及苹果、梨等。

形态特征：

成虫：主要特征为成虫鞘翅上有约20个排列不整齐的大小不等白色绒毛斑。鞘翅具紫铜色光泽，体腹生有蓝灰色绒毛。触角鞭状12节，基节粗，第3节最长，除1、2节外其余各节基部均有灰白色毛环。前胸两侧各有1个突刺。

体长雌成虫22~35mm，雄成虫15~26mm，体黑色，具光泽。头部自后头，经头顶至唇基有1条纵沟，复眼肾形，突出发达。雄成虫触角较长，超过体长1.3~1.8倍。鞘翅基部有绒毛白斑排列5~6横列，雌成虫触角与体长近相等。中胸背板具发音器，雌虫腹部露出鞘翅端。

卵：长5.5~7.0mm，长椭圆形，两端稍弯曲。初产时乳白色，孵化前呈黄褐色。

幼虫：老熟幼虫黄白色，体长50~60mm。初期乳白色或淡黄色。头淡黄褐色，1/2缩入前胸，前缘黑褐色。前胸背板黄白色，后半部有1个“凸”字形黄褐色斑。1~7腹节背、腹面各有1个步泡突，背面步泡突中央有2条横沟，腹面步泡突为1条。

蛹：裸蛹，长30~38mm，纺锤形，头部下倾达前胸之下，触角由两侧卷曲至腹部下方，呈发条状。初期黄白色，羽化前为黄褐色至黑色。

发生与为害：

1年发生1代，少数2年1代。以卵在树皮中和幼虫在枝干内越冬，翌年4月幼虫开始在蛀坑道继续蛀食为害，以卵越冬相继孵化蛀入取食。2年1代于5月末化蛹，6月中旬羽化。1年1代6月中旬化蛹，6月下旬出现成虫，6月下旬至7月中旬为成虫活动盛期。树干上可见圆形6~12mm羽化孔。成虫寿命雄虫平均9天，雌虫平均13天，有趋光性。成虫啃食嫩皮和叶片补充营养，为害较小。成虫多在大树和过熟老树枝杈处产卵。在树皮咬近圆形产卵刻槽，产1粒卵，后排出胶状物填堵产卵孔，产卵量25~32粒。卵期13~14天。7月上旬开始孵化。初孵幼虫在树皮内取食为害，取食卵槽部分腐烂变黑，后横向蛀食木质部逐步蛀入树干内为害，蛀成“S”、“U”、“L”形不规则坑道，每坑道只有1个幼虫，坑道互不相通，一般坑道长62~110mm。10月开始在坑道内越冬。9月产的卵，以卵越冬。此虫为害大树和成熟、过熟林，一般在树干大侧枝以上枝干上，为害造成树干外千疮百孔，树干内坑道密布，造成大枝或整株枯死，严重影响树木生长和木材质量。

1970—1980 年，仅绥中县就有 50 万株 10~12 年生北京杨为害严重，几乎被全部砍伐。近年由于过熟林、衰弱树、被害严重杨树林基本采伐，此虫为害减轻，但辽西、辽北、中部平原部分地区残留衰弱树、大树，尤其是大柳树，仍有零星发生和为害。随着营造杨树逐渐达成熟，应加强监测和预防。

防治方法：

1. 人工清除虫源：对成熟、过熟林，尤其是生长势衰弱的过熟林及时采伐，为害严重林分可皆伐改造，及时彻底清除虫源木（林）。带活虫原木要经过帐幕药物熏蒸法或木材加工或烧毁处理，灭虫合格后原木方可向外调运。消除虫源，防止传播。

2. 人工扑杀、施药防治：成虫期白天成虫活动活跃，可采取组织人工扑杀成虫。树冠喷洒 80% 绿色威雷微胶囊剂 1 000 倍液、40% 杀螟松乳油 800 倍液进行毒杀。

3. 人工杀卵：卵期人工用木锤轧产卵痕处杀卵。

4. 施药堵孔：幼虫期可采用磷化铝片（颗粒）堵塞虫孔或磷化铝毒签插入虫孔进行防治。

5. 人工更新改造：行道树、防护林发生为害严重可截头更新，或在伐根上嫁接毛白杨等抗性品种更新。

雄成虫

雌成虫

成虫交尾

产卵刻槽

侵入孔

幼虫

老熟幼虫

初羽化成虫及羽化孔

羽化孔

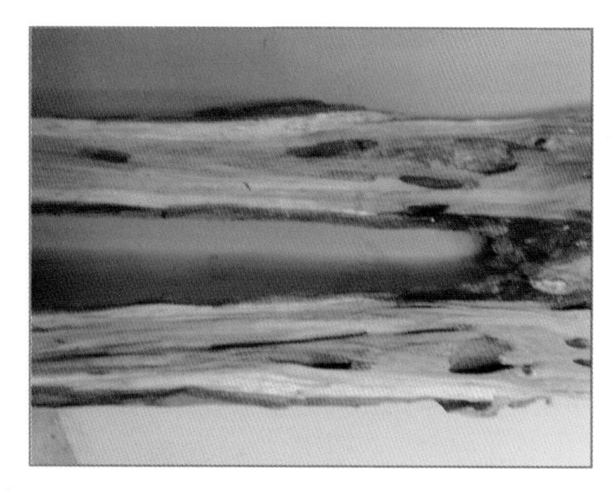
树干内被害状

树干内后期被害状

林中被害状

6 舞毒蛾 *Lymantria dispar* (Linnaeus)

舞毒蛾属鳞翅目，毒蛾科，又称秋千毛虫。是世界范围重要食叶害虫。分布范围广，寄主植物种类多，适应性强、食量大，繁殖量大。幼虫取食为害叶片，大发生年份可将成片树林吃光。

分布：

东北、华北、西北；山东、河南、江苏、贵州、台湾；北美、欧洲、亚洲。

寄主：

杨、落叶松、柳、榆、苹果、梨、桃、杏、山楂及柞、桦、槭、椴等500余种植物。

形态特征：

成虫：主要特征为雌雄异型，雌蛾黄白色，前翅有4条齿状褐色横纹，前翅中室中央有1黑斑点，中室端有1黑褐色“<”形斑纹，翅的外缘有数个黑褐色半月状斑纹。雄蛾体翅灰褐色，前翅有6条从前缘到后缘的黑褐色横纹。

雌蛾体长22~30mm，翅展58~80mm。头部黄褐色，复眼黑色，触角黑色短羽状。腹部肥大，前部黄白色，末端有黄褐色毛丛。雄蛾体长16~21mm，翅展37~54mm，触角褐色羽状。后足胫节有2对距，有深黑褐色齿状纹，中间有黑色斑点。前后翅反面黄褐色。

卵：圆形，两侧稍扁，直径1.3mm，初期杏黄色，后变为褐色，几百粒卵集中在一起成块状，其上被有雌蛾脱落很厚的黄褐色绒毛。

幼虫：主要特征为头部黄褐色，正面有“八”字形黑褐色纹，体从前胸到腹部11节，前5节体背各着生1对蓝色毛瘤，后6节每节着生1对红色毛瘤。

老熟幼虫体长50~70mm，黑褐色，具长毛。毛瘤上生长毛。足红褐色。背中线，亚背线黄色。腹部6、7节背中央各有红色翻缩腺1个。

蛹：被蛹，雄蛹体长21mm，雌蛹体长26 mm，红褐色或黑褐色，被有锈黄色毛丛。

发生与为害：

1年发生1代，以卵在树干或屋檐、墙角、石块处越冬，翌年4月下旬至5月上旬孵化幼虫，初孵幼虫白天多群栖叶背面，幼虫有吐丝迁移和受惊吐丝下垂移习性，随风摆动，故又称为秋千毛虫，幼虫取食幼芽、叶片。幼虫期1.5个月，1~7龄。舞毒蛾幼虫有较强的爬行转移能力，有较大范围的扩散能力。6月中旬老熟幼虫在树皮缝、落叶内、石块下、树洞内吐丝围绕化蛹。6月下旬至7月上旬蛹量最多，蛹期10~15天。7月上旬至下旬羽化成虫，雄蛾善飞翔，有成群飞翔习性，故称为舞毒蛾，并有较强的趋光性。卵产在树干或屋檐下和石块缝隙处，多产在树枝、树干阴面。每头雌蛾平均产卵1~2块，每块200~300粒，卵期长达9个月。大发生年份常将成片树林叶片吃光。舞毒蛾喜光、喜温，故在林网、疏林地、路树发生量大，为害较重；气温高、干旱年份对舞毒蛾繁殖、种群数量增大有利。2002—2003年营口、辽阳、鞍山、大连等辽南地区发生为害面积几十万亩，人工摘除卵块收集达数千千克。目前在我省局部地区仍有发生为害，有较大潜在威胁。

防治方法:

1. 人工除卵：在秋末、初冬季节或早春人工刮除树干上卵块，集中存放，最好待寄生舞毒蛾天敌绒茧蜂等天敌羽化飞出后，再深埋或烧毁。此法经济有效、环保。

2. 灯光诱杀：在成虫羽化期，利用其有较强趋光性，夜间林地设置黑光诱杀灯诱杀成虫，大面积发生，设置黑光诱杀灯组诱杀效果更好。

3. 施药防治：幼虫为害期，用 50% 杀螟松乳油 800~1 000 倍液、60% 敌马合剂乳油 800 倍液，25% 杀虫双水剂 1 500 倍液、1.8% 阿维菌素乳油 3 000 倍液、20% 速灭杀丁乳油 3 000 倍液、Bt 水乳剂（100 亿活孢子 /mL）100 倍液喷雾。可连用 1~2 次，间隔 7~10 天。

4. 保护利用天敌：舞毒蛾自然界天敌种类很多，有多种寄生蝇、姬蜂、茧蜂、捕食性昆虫、病毒、细菌、食虫鸟类等，应加以保护利用。

5. 定期调查：坚持常年进行定期调查及时发现虫源林，尤其是越冬卵块数量大密集林地，适时及早进行防治，可以控制大发生和成灾。

雄成虫

雌成虫

休伏雄成虫

休伏雌成虫

雌成虫产卵

卵块

树干阴面卵块群

幼龄幼虫

幼虫

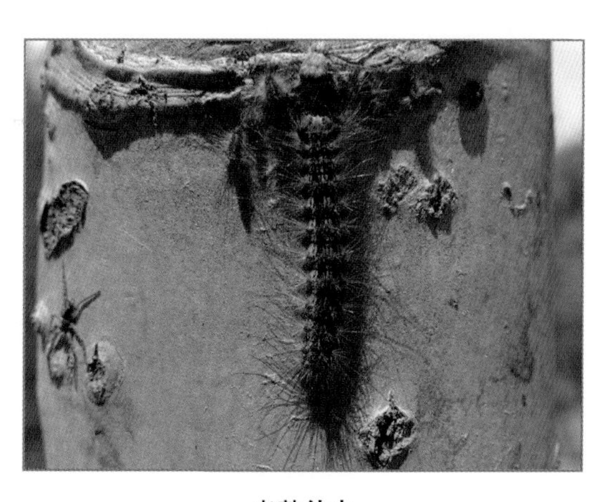

老熟幼虫

蛹

被害状

7 黄褐天幕毛虫 *Malacosoma neustria testacea* Motschulsky

黄褐天幕毛虫属鳞翅目，枯叶蛾科，俗称顶针虫，是常发性主要食叶害虫。以幼虫食害叶片，严重发生时可将被害树木叶片全部吃光，甚至枯死，严重影响树木生长和结果。

分布：

台湾；东北、华北、西北、华东、华中、西南；俄罗斯、朝鲜、日本；欧洲、非洲。

寄主：

杨、柳、柞、榆、榛、桦、落叶松、桃、李、杏、苹果、梨等。

形态特征：

成虫：主要特征为雌成虫红褐色，前翅中部有 2 条黄色横线，横线间有深褐色宽带，宽带外内侧有 1 黄褐色镶边；雄成虫黄褐色，前翅中部有 2 条紫褐色横线，中间宽带呈褐色。

雌成虫体长 17~24mm，翅展 29~39mm，后翅淡红褐色，翅缘黄褐色。触角单栉齿状。

雄成虫体长约 17mm，翅展 24~32mm，后翅淡黄褐色，斑纹不明显，翅缘黄白色。触角双栉齿状

卵：圆筒形，灰白色，顶部中央凹陷，卵产在小枝上，常数百粒卵围绕枝条排成圆筒状，非常整齐，呈“指环”状。

幼虫：老熟幼虫体长55mm，头蓝灰色，有黑斑2个。体背中央有1条白色纵带，两边有橙黄色线，体侧有蓝灰色、黄色、黑色纵带，气门黑色，腹部第1节和末节背面有1对大黑斑。体背各节生有黑色长毛，体侧生有淡褐色长毛。

蛹：体长20~24mm，黑褐色，有金黄色毛。茧灰白色，呈棱形，外被有黄白色粉。

发生与为害：

1年发生1代，以卵内没有出壳初孵幼虫在枝条上越冬。翌年树木发芽时初孵幼虫破壳开始活动，小幼虫群聚于新芽和嫩叶吐丝结巢内取食，5~8天脱一次皮，幼虫共5龄，每脱一次皮，就向另一枝杈处转移一次，在树杈间吐丝做巢栖息在内，白天潜伏网中，夜间出来取食。5龄后幼虫分散取食，不再结网，暴食6~7天。即在5月下旬6月上旬是为害盛期，6月中旬老熟幼虫在卷叶内和两叶间做茧化蛹，有的在地面落叶或杂草上化蛹，茧上有黄白色粉。6月下旬成虫羽化，7月为成虫盛发期，成虫趋光性较强。卵产在1年生细枝上，几百粒卵粘在一起，成一卵环，似“顶针”状。大发生年份，可将整株和大片林木树叶吃光。2000—2002年朝阳、葫芦岛、阜新地区山杏林被吃光数万亩，造成杏仁严重减产。

防治方法：

1. 人工剪除卵枝：树木发芽前，人工剪除枝条上“顶针”状卵块，集中烧毁或深埋。

2. 人工剪网：初龄幼虫集中在虫巢网内时期，人工剪除带虫网幕，集中销毁处理。

3. 施药防治：幼虫期间，喷洒1.2%苦参碱可溶液剂800倍液，Bt水乳剂、粉剂（每毫升含100亿孢子）800倍液，20%除虫脲5 000倍液，24%米螨（虫酰肼）悬浮剂2 000倍液，1.8%阿维菌素乳油3 000倍液，90%敌百虫晶体2 000倍液，40%敌马合剂乳油1 000倍液。

4. 黑光灯诱杀：成虫趋光性较强，成虫期夜间利用黑光灯诱杀。

雌成虫

雄成虫

卵块（卵环）

初孵幼虫

群居枝杈的幼虫

老熟幼虫

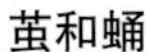

茧和蛹

被害状

8 芳香木蠹蛾（东方亚种）*Cossus cossus orientalis* Gaede

芳香木蠹蛾属鳞翅目，木蠹蛾科，又称蒙古木蠹蛾，是重要蛀干害虫之一。幼虫常几头至十几头从树干、大枝树皮裂缝、伤口、旧虫孔侵入，初在边材为害，形成广阔弯曲隧道，后蛀入木质部内钻蛀不规则隧道。翌年春，大幼虫分散各自钻蛀更大不规则纵向隧道为害，造成树势衰弱、枝梢枯萎、干枝腐朽，甚至枯死。

分布：

东北、华北、华东、华中、西北、西南；朝鲜、日本。

寄主：

杨、柳、榆、槐、白蜡、核桃、苹果、栎、槭、桦、香椿、沙棘等。

形态特征：

成虫：主要特征为触角单栉齿状，紫色。前翅密部呈龟裂状黑色横纹，外横线和亚外缘线在臀角处相交呈“V”字形。

雌蛾体长28~41mm，翅展67~73mm；雄蛾体长22~36mm，翅展49~56mm，灰褐色。雌蛾头部前方淡黄色，雄蛾稍暗。胸部粗壮多毛。中足胫节有1对距，后足胫节有2对距。

卵：长1.2mm，椭圆形，初产时白色，孵化前茶褐色，表面布满黑色纵脊。

幼虫；主要特征为前胸背板深黄色，上有“凸”字形黑斑，中间有1条白纹。腹部背面紫红色，腹节间淡紫红色，腹面桃红色。

老熟幼虫体长56~76mm，背部深紫红色，略具光泽，体侧腹面稍淡。胴部扁平，略呈半筒形，各节均生有整齐小瘤，其上有1根黄褐色刚毛，足淡黄色。初龄幼虫粉红色，

蛹：体长38~45mm，被蛹，褐色稍弯曲。茧土褐色。

发生与为害：

2年发生1代，以当年幼虫在树干内蛀道中越冬，第2年在树干内继续蛀食至老熟幼虫，9月上旬至9月下旬老熟幼虫从蛀入孔爬出，在靠根际坑洼处地下2~3cm处结茧越冬。第3年5月上旬化蛹，蛹期18~26天。5月下旬羽化出土，蛹穿出地面一半，蛹壳留在地面。每头雌成虫可产卵178~268粒，卵产在大树分杈以上粗枝上、幼树主干树皮缝或伤口处。6月上旬至7月上旬相继孵化为幼虫，常常几十头从干、枝、根际树皮裂缝、伤口、旧虫孔侵入，在韧皮部和木质部之间取食，初孵幼虫有群居性，后蛀入木质部蛀食形成不规则纵向坑道，并与外部排粪孔相连，不断排出虫粪和大量丝状木屑，并有树液流出。幼虫受惊后能分泌一种特异香味，故称芳香木蠹蛾。一直为害到9月下旬，在树干坑道中越冬。一般为害衰弱木树干和大树4cm以上粗枝。造成树势逐年衰弱、枯梢、枝干腐朽，甚至整株枯死。

防治方法：

1. 人工扑杀：在老熟幼虫离树集中转移入土期，相对聚集在地面凹洼处，可人工搜寻集中扑杀。

2. 施药防治：老熟幼虫爬出或在被害树木根际处，在靠根际坑洼处喷施20%杀灭菊酯乳油1 500倍液、2.5%敌杀死乳油2 000倍液。在卵和幼虫初孵期，向树干喷施40%杀螟松乳油800倍液、40%氧化乐果乳油1 500倍液、20%杀灭菊酯乳油3 000倍液。

3. 灯诱法：成虫有趋光性，成虫期夜间在林间可挂诱杀灯诱杀成虫。

4. 虫孔注药：先将排粪孔内虫粪和木屑清理干净，采用磷化铝颗粒堵孔或用80%敌敌畏、45%氧化乐果乳油20~30倍混合液用注射器注入蛀道，然后用黏土泥封闭侵入孔，封堵熏杀幼虫。

雄成虫

侵入孔和排粪孔

幼龄幼虫－皮下幼虫

大龄幼虫及树干内被害状

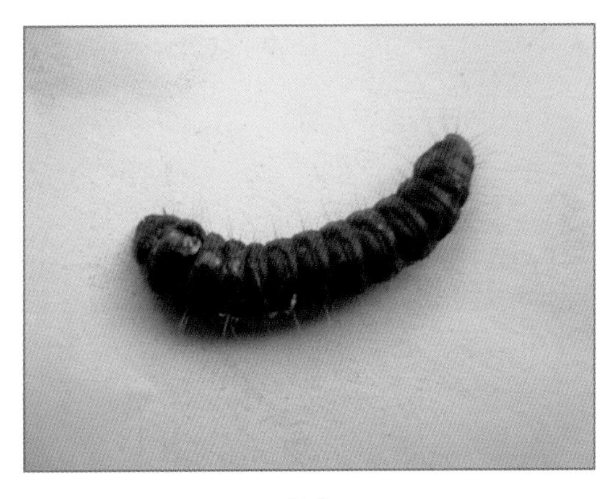

幼虫

老熟幼虫转移地面

大树后期被害状

9 柳干木蠹蛾 *Holcocerus vicarius* (Walker)

柳干木蠹蛾属鳞翅目，木蠹蛾科。又称榆木蠹蛾，是重要蛀干害虫。幼虫在根茎、根及枝干的皮层和木质部内蛀食，后蛀入木质部，形成不规则的隧道，为害造成树势衰弱，严重被害树木枯死。常与蒙古木蠹蛾混合发生。

分布：

四川、云南、台湾；东北、华北、西北、华东、华中；俄罗斯、朝鲜、日本。

寄主：

杨、榆、柳、槐、栎、核桃、银杏、苹果、梨、山楂、杏、稠李、丁香、花椒等。

形态特征：

成虫：主要特征是触角线状，黑褐色。前翅满布弯曲黑色横纹。由肩角至中横线，前缘至肘脉间形成明显深灰色暗区，有黑色斑纹。

体长 25~40mm；雄蛾翅展 45~60mm，雌蛾翅展 70~80mm。体粗壮灰褐色，头小，复眼大，圆形。头顶毛丛和领片暗褐灰色，胸腹部布满灰褐色鳞毛。后翅色较前翅淡，横纹不明显。雌蛾尾部较尖，产卵器外露。雄蛾腹末较宽钝多毛。中足胫节 1 对距，后足胫节 2 对距。

卵：圆形，长 1.2mm 左右，初产时乳白色，逐渐变暗褐色，表面有纵行隆脊，脊间有横行刻纹。

幼虫：老熟幼虫主要特征是体扁圆筒形。前胸背板褐色，有“倒心形”浅色斑。腹部各节有瘤状小突起，上有短毛。背面及体侧紫红色，有光泽、体侧鲜红色，腹板较淡，腹部各节间黄褐色。

初孵幼虫粉红色，老熟幼虫体长 25~40 mm，头部黑紫色，足黄褐色，整个虫体均生稀疏黄褐色短毛。幼虫 5 龄转移至根茎和粗根处。腹足深橘红色，趾钩三序环状，臀足趾钩双序横带。

蛹：被蛹，暗褐色，雄蛹体长 17~30mm，雌蛹体长 20~35 mm。蛹体稍弯曲，腹末外围有齿突 2 对。2~6 腹节背面具两列刺，7~9 腹节只具前列刺。

发生与为害：

2 年发生 1 代，跨 3 年度。以当年 5 龄幼虫在干基或根部越冬，翌年春老熟幼虫活动，5 月在虫道内化蛹，6 月中旬至 7 月下旬羽化，羽化时将蛹后半部留在羽化孔。成虫趋光性较强。卵产在根基附近或 3cm 以上粗枝上的树皮裂缝、伤口、旧虫孔处，每头雌成虫可产卵 134~287 粒，卵多成堆、成块或成行排列，每堆有卵十几粒至 20 多粒不等，卵期 11~27 天。幼虫孵化后，一般从伤口和树皮缝、旧虫孔侵入，初孵幼虫有群居性，在虫道内数头或数十头在一起。有松碎木屑排出。先在皮下取食，呈片状或槽形坑道，后蛀食木质部，呈扁指状 30~40mm 坑道，在髓心部蛀成纵向较宽且不规则连通蛀道，并与外部排粪孔相通，形成密密麻麻坑道。随虫龄增大，排粪孔也逐渐扩大，排粪孔扁圆形，一般长 10~12mm，宽 6~9mm。当年 10 月中旬在坑道中越冬，翌年 4 月中旬又开始取食，10 月中旬幼虫越冬，第 3 年幼虫继续取食为害到 5 月下旬，7 月上旬陆续化蛹，蛹期平均 19 天。一般为害大树和衰弱木，造成树干千疮百孔，树势衰弱，甚至整株枯死。

防治方法：

1. 施药防治：在卵和幼虫初孵期，向树干喷施 40% 杀螟松乳油 800 倍液、40% 氧化乐果乳油 1 500 倍液、20% 杀灭菊酯乳油 3 000 倍液。

2. 虫孔注药：先将排粪孔内虫粪和木屑清理干净，采用磷化铝颗粒堵孔或用 80% 敌敌畏与 45% 氧化乐果乳油 20~30 倍混合液用注射器注入蛀道，然后用黏土泥封闭侵入孔，封堵熏杀幼虫。

3. 灯诱法：成虫有趋光性，成虫期夜间在林间可挂诱杀灯诱杀成虫。

4. 发现虫源树及时清理。

雄成虫

雌成虫

老熟幼虫

侵入孔

排粪屑孔

被害状

被害状及幼虫

10 柳蝙蛾 *Phassus excrescens* Butler

柳蝙蛾属鳞翅目，蝙蝠蛾科。又称疣纹蝙蝠蛾，是重要蛀干害虫。以幼虫在树干髓部钻蛀坑道为害，被害处易受风折，受害严重时枝条、主干枯死，造成树势衰弱，并影响材质。

分布：

东北；内蒙古、河北、山西、山东、河南、安徽、浙江、湖南；日本、俄罗斯。

寄主：

杨、花曲柳、刺槐、糖槭、柳、榆、柞、梨、苹果、桃、银杏数十种及玉米、茄子、杂草等。

形态特征：

成虫：主要特征前翅是前缘有 7 个环状纹，中央有 1 个大的三角斑纹，外缘有褐色宽带 2 条。前后翅脉相同。

体长 35.0~44.0mm，翅展 66.0~70.0mm，体色变化较大，初羽化成虫绿褐色到粉褐色，后变茶褐色。触角短，线状。前翅较大，后翅较小。前、中足发达，爪较长。腹部细长。雄虫后足腿节背侧密生橙黄色刷状毛。

卵：球形，直径 0.6~0.7mm，初期乳白色，后变为黑色，有光泽。

幼虫：老熟体长 44.0~57.0mm，黄白色或污白色，圆筒状，头部深褐色，圆筒形。各节体具毛片状硬化黄褐色瘤突。

蛹：被蛹，体长 35.6~39.2mm，圆筒形，黄褐色。头顶深褐色，中央隆起，形成 1 条纵脊，两侧有数根刚毛。触角上方有 4 个角状突刺，腹部背、腹面有成列倒刺。生殖孔两侧各有 1 指状突。

发生与为害：

辽宁大多 1 年发生 1 代或少数 2 年 1 代。以卵在地面和幼虫在树干基部或 1.3m 高处树干内越冬。母条林内幼虫在地下茎中越冬。翌年 5 月开始活动。5 月中旬幼虫孵化，初孵幼虫先取食杂草，6 月上旬转向嫩枝或杂草茎中取食，7 月下旬转移到大树苗和大树上，坑道在粗侧枝和主干上，坑道内壁光滑、直立，坑道口环形凹陷、椭圆形，有丝网粘满木屑和粪便封堵在坑口。8 月中旬化蛹。老熟幼虫在化蛹前在坑道口吐丝做一个白膜封住坑道口，蛹期 17~39 天，8 月下旬开始羽化，9 月中旬为羽化高峰期，末期 10 月中旬。成虫活动在日落后半小时飞翔，卵单产，产的卵有黏着性，散落在地面和地被物上，产卵量 680~2 000粒以上。越冬幼虫在树干髓部钻蛀坑道为害。2年1代者于翌年8月于被害处化蛹。被害树木易造成风折，甚至枯死。此虫在辽宁省北部、东部地区发生为害较重。

防治方法：

1. 严格检查、检疫：实行造林苗木严格检疫，对检出带虫包的苗木集中烧毁，带活虫苗木严禁不得出圃外调。

2. 毒杀封堵：先清除虫孔丝屑包，用磷化铝颗粒塞入侵入孔，后用泥封堵，或用磷化铝毒签插孔。对为害严重林地，及时清除带虫树木烧毁，消灭虫源。

3. 施药防治：5 月中旬至 6 月上旬幼虫从地面转移上树期和 8 月中旬至 9 月下旬成虫产卵期，往地面、树干喷洒 50% 乐果 1 000 倍液、速灭威乳油 2 000 倍液、20% 速灭杀丁乳油 2 000 倍液、40% 灭扫利乳油 1 000 倍液。可连用 2 次，间隔 7~10 天。

4. 保护利用天敌：保护和招引啄木鸟啄食。

5. 及时清除林内杂草。及时剪除被害枝，集中深埋或销毁。

成虫

初羽化成虫

卵和成虫

幼龄幼虫被害状

幼虫

老熟幼虫

蛹

地面羽化后蛹壳

初期侵入孔

封孔化蛹时

排粪屑孔

蛀道口及羽化孔状

被害状

被害状

11 杨扇舟蛾 *Clostera anachoreta* Fabricius

杨扇舟蛾属鳞翅目，舟蛾科，俗名白杨天社蛾。是杨树常发性主要食叶害虫，适应性广，繁殖力强，种群数量大。以幼虫取食叶片为害，发生虫口密度大时，短期可将树叶全部吃光，尤其对幼树为害较大。

分布：

内蒙古；东北、华北、华中、华南、东南、西南、华东；印度、斯里兰卡；欧洲、东北亚。

寄主：

杨、柳。

形态特征：

成虫：主要特征为前翅顶端有1个褐色扇形大斑，下方有较大1个褐色圆点，翅上有灰白色横带4条，外横线通过扇形斑1段呈斜伸双齿状，外衬2~3个黄褐色带锈红色斑。后翅灰褐色，中间具1横线。

雌成虫体长15~20mm，翅展38~42mm，触角单栉齿状，灰褐色；雄成虫体长13~17mm，翅展23~37mm，触角双栉齿状，淡灰褐色。头黑色，体灰褐色。雌成虫腹部粗大，腹末具灰白色毛束。

卵：扁圆馒头形，直径约 1mm，初产时为橙红色，孵化前暗灰色。

幼虫：老熟幼虫主要特征为亚背线灰墨绿色，每节环行排列 4 个橙红色毛瘤，其上有长毛，两侧各有 1 个大红黑色瘤，上面生有白色细毛 1 束。第 1、8 节背中央有红黑色大瘤。

老熟幼虫体长 32~40mm，头部黑褐色，体上有淡褐色细毛，腹部背面灰白色。

蛹：长椭圆形，长 13~18mm，褐色，末端有分叉臀棘，被有灰白色茧。

发生及为害：

1 年发生 3 代，以茧蛹在枯枝落叶、杂草中和树干缝隙中越冬，第 1 代成虫出现在 5 月上、中旬，第 2 代出现在 6 月下旬至 7 月上旬，第 3 代出现在 8 月上、中旬，成虫有趋光性。卵多产在叶片背面，常百余粒卵聚在一起，卵期 17 天左右。初孵幼虫常数十头或上百头群聚在叶背，静止时头朝一个方向，排列整齐。1~2 龄幼虫仅啃食叶的下表皮，残留上表皮和叶脉，幼虫 2 龄以后吐丝将叶卷成苞状，白天潜伏在苞内，晚间出来取食，大龄幼虫分散取食为害，幼虫共 5 龄。1、2 代老熟幼虫在苞叶内化蛹，第 3 代在落叶、杂草、树皮缝内化蛹。大发生为害严重时将大片树叶吃光，影响树木生长。近年经常发生，在部分地区造成灾害。对苗圃杨树为害较大，是杨树重要食叶害虫之一。

防治方法：

1. 清除虫苞：幼虫群聚在虫叶苞期，在苗圃、新植林、幼林人工摘除虫苞，集中销毁。

2. 地面防治：在发生苗圃、林地，冬季、早春将枯枝落叶，杂草搂净，集中烧毁，消灭越冬茧蛹。

3. 施药防治：幼虫期喷洒 1.8% 阿维菌素乳油（齐螨素、害极灭）3 000 倍液、1.2% 烟参碱可溶液剂 800 倍液、20% 杀蛉脲悬浮剂 2 000 倍液、90% 敌百虫晶体 1 500 倍液、50% 杀螟松乳油 800 倍液、25% 阿尔泰（决胜）乳油 2 000 倍液、20% 速灭杀丁乳油 2 000 倍液。

4. 灯诱法：成虫出现期，利用成虫有趋光性，夜间用黑光诱虫灯诱杀。

5. 释放赤眼蜂：产卵初期，释放松毛虫赤眼蜂，放蜂量蜂卵比 5 ∶ 1。放 2 次，间隔 7~10 天。

雄成虫

雌成虫

成虫交尾

休伏成虫

卵

初孵幼虫

2 龄幼虫

3 龄幼虫

5 龄幼虫

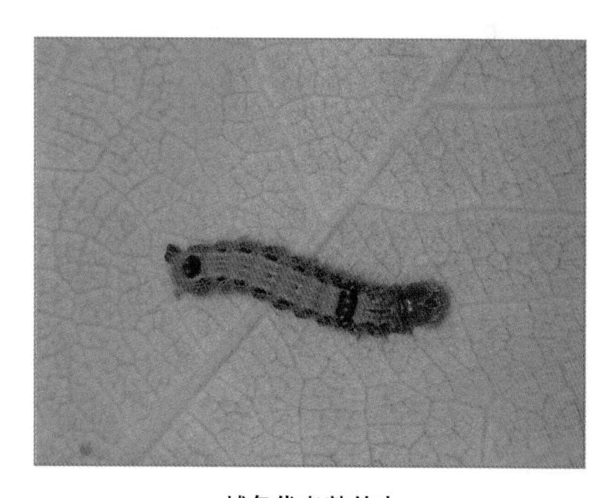

越冬代老熟幼虫

1、2 代老熟幼虫

茧和蛹

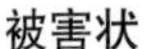

被害状

被害状

12 柳雪毒蛾 *Stilpnotia candida* Staudinger

柳雪毒蛾属鳞翅目，毒蛾科。又名柳毒蛾、雪毒蛾，是常发性杨树食叶害虫。常与杨雪毒蛾混合发生，大发生时，将成片树叶吃光，为害成灾。

分布：

东北、西北、河北；内蒙古、江苏、安徽、湖北；蒙古、朝鲜、日本、加拿大；欧洲。

寄主：

杨、柳、榛子、白蜡、槭树、白桦等。

形态特征：

成虫：雌蛾体长21~23mm，翅展45~50mm；雄蛾体长18~21mm，翅展40~45mm，体翅白色，密被白色鳞毛。触角主干为黑褐色与白色相间斑纹，雌蛾触角单栉齿状，暗褐色，雄成虫羽毛状。足棕灰色。足胫节和跗节具有黑白相间环纹。

卵：馒头形，灰白色，直径11~20mm，卵粒成堆，上有白色胶状物覆盖。

幼虫：老熟幼虫体长40~50mm，体粗壮，灰黑色，头部浅褐色，上有黑斑2个。背中线黑色，两侧黄棕色，其下有1条灰黑色纵带。各节均有毛瘤形成横向1列，瘤上生有黄褐色长毛和少数黑色短毛。腹部第6、7节背部有翻缩腺。胸足棕色，腹部青棕色。

蛹：体长16~26mm，初浅黄色，后棕褐色，有灰黑色带，黄色斑，上有白毛。腹面黑色，每体节侧面保留幼虫期毛瘤，其上有黄褐色细毛。

发生与为害：

1年发生1代，以3龄幼虫在丝茧中，在枯枝落叶、杂草丛、树皮缝内越冬，翌年4月下旬展叶时开始活动，7月开始化蛹，7月中旬成虫羽化，交尾产卵，成虫有较强的趋光性。卵产在叶背或树皮上，产卵量329~535粒，呈块状，每块有100粒左右，卵期15天左右。8月中旬幼虫孵化，初孵幼虫先群居为害，取食叶肉呈网状，幼虫有受惊吐丝下垂习性。3龄后分散为害，4龄幼虫进入暴食期，幼虫共6龄，8月为为害盛期，幼虫有强烈避光性，晚间上树取食，白天下树潜伏，初孵幼虫取食嫩梢上叶肉，9月下旬幼虫陆续下树寻找隐蔽处吐丝结茧越冬。大发生时，可将成片树叶吃光，影响树木生长。

防治方法：

1. 经营清理：秋末冬初清除枯枝落叶和杂草集中销毁。

2. 施药、毒绳阻杀：利用幼虫白天上树夜间下树习性，4月上旬至5月、8月在树干上喷施2.5%敌杀死、20%速灭杀丁或5%高效氯氰菊酯2 000~3 000倍液，还可在树干绑毒绳阻杀上树幼虫或在树干部围捆秸草阻集幼虫，每天上午清理，此法经济环保。

3. 灯光诱杀：成虫期，晚间利用黑光诱杀灯诱杀成虫。

4. 施药防治：幼虫取食期间，可用25%灭幼脲3号悬浮剂5 000倍液、Bt水溶剂（每毫升含100亿孢子）500倍液、1.8%阿维菌素乳油（齐螨素、害极灭）3 000倍液、90%敌百虫晶体1 000倍液、80%敌敌畏乳油1 000倍液、40%乐果乳油2 000倍液、25%阿尔泰（决胜）乳油1 000倍液、2.5%溴氰菊酯乳油6 000倍液喷洒树冠。

雌成虫

雄成虫

休伏雄成虫背面

休伏雄成虫侧面

卵

蛹

幼龄幼虫

幼虫

白天潜伏幼虫

树下化蛹前老熟幼虫

幼龄幼虫被害状

越冬 3 龄幼虫

被害状

被害状

13 杨雪毒蛾 *Stilphotia salicis*（Linnaeus）

杨雪毒蛾属鳞翅目，毒蛾科。又名杨毒蛾，是杨树常发重要食叶害虫，常大面积严重发生，造成不同程度为害。

分布：

四川、云南、西藏；东北、华东、华北、华中、西北；土耳其；东北亚、欧洲、北美。

寄主：

杨、柳。

形态特征：

成虫：主要特征为体白色，前翅和后翅白色，有光泽。前翅翅基部和前缘翅脉微带黄色，有丝质光泽，前翅鳞片较薄。雌成虫触角单栉齿状，灰褐色，主干白色；雄蛾触角羽毛状，灰棕色。足白色，雄蛾胫节和跗节具有黑白相间环纹。

雌蛾体长14~20mm，翅展43~55mm，雄蛾体长11~20mm，翅展33~38mm。体密被白色绒毛。复眼黑色，外缘有黑色绒毛。足白色。

卵：馒头形，直径0.8~1.0mm，初产时浅绿色，呈块状，外被银灰色胶状分泌物，孵化前为灰褐色。

幼虫：老熟幼虫体长28~41mm，体黄白色。头部黑色，背中线有宽黄白色纵带，两侧各有1条黑色纵带，腹部第1、2及6、7节背面各具短黑色横带，体节两侧各生有3个横排棕黄色毛瘤状。上大下小。上方毛瘤有一簇暗灰黄色短毛，中下方毛瘤上毛丛较长，上方毛瘤下缘有1条白色或黄色细带。胸足黑色。

蛹：体长16~26mm，初浅黄色，后黄绿色，有光泽，背部有黑色带，被黄白色长毛，腹面黑色，末端有两簇黑色毛突出臀棘。

发生与为害：

1年发生2代，以2~3龄幼虫在树皮缝内、枯枝落叶杂草中越冬。翌年4月下旬上树取食叶片，5月中、下旬为害盛期，大幼虫将整个叶片吃尽。6月上旬老熟幼虫吐丝将叶卷成筒形在其中化蛹，蛹期12天左右。6月中旬开始羽化，成虫有较强的趋光性，1~2天交尾产卵，平均产卵量200粒左右，卵呈块状，产在树皮、枝条和叶背，卵期11~13天。7月中旬第1代幼虫大量出现，初孵幼虫群聚取食叶肉，咬成网状，留下叶脉。3龄后分散，取食量加大，蚕食叶片，幼虫共6龄。7月下旬为第1代幼虫为害盛期，每头幼虫可取食28~30片叶，8月上旬化蛹，8月中旬至9月中旬出现成虫，9月下旬幼虫在树皮缝、地被物、枯叶落叶中吐丝，在薄网内越冬。此虫经常发生，大发生年份，可将成片树叶吃光，造成大范围灾害，严重影响树木生长。

防治方法：

1. 经营清理：秋末冬初清除枯枝落叶和杂草集中烧毁。

2. 灯光诱杀：成虫期晚间利用黑光诱杀灯诱杀成虫。

3. 施药防治：幼虫取食期间，可用25%灭幼脲3号悬浮剂5 000倍液、Bt水溶剂（每毫升含100亿孢子）500倍液、1.2%烟参碱可溶液剂1 500倍液、1.8%阿维菌素乳油（(齐螨素、害极灭）3 000倍液、90%敌百虫晶体1 000倍液、80%敌敌畏乳油1 000倍液、40%乐果乳油2 000倍液、25%阿尔泰乳油（决胜）1 000倍液、2.5%溴氰菊酯乳油6 000倍液喷洒树冠。

4. 保护利用天敌：保护林间扑食性天敌，如食虫益鸟、扑食蝽、步甲、胡蜂；寄生天敌茧蜂、姬蜂、赤眼蜂等，提高自然控制能力。

雌成虫

雄成虫

卵块

幼虫

幼虫取食

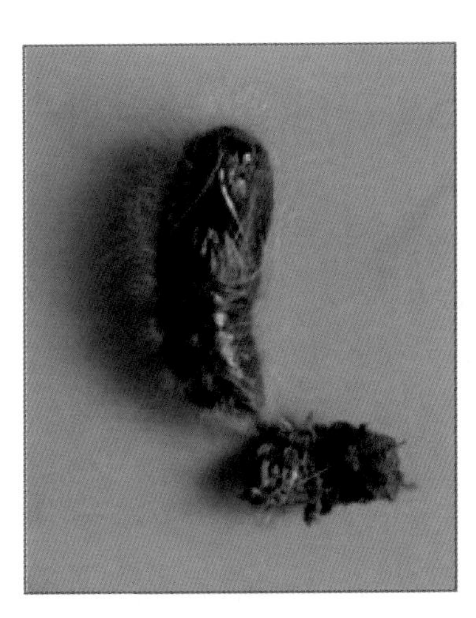
蛹

被害状和蛹

被害状

被害状

14 杨小舟蛾 *Micromelalopha troglodyta*（Graeser）

杨小舟蛾属鳞翅目，舟蛾科。别名杨褐舟蛾，是杨树主要食叶害虫之一。幼虫常群集为害，能短期暴食，仅留下叶表皮及叶脉。大发生年份将成片杨树叶片吃光，突发性强，为害严重，影响树木生长。

分布：

辽宁、黑龙江、吉林、河北、山东、河南、安徽、浙江、江苏、江西、湖北、陕西、四川；日本、朝鲜。

寄主：

杨。

形态特征：

成虫：体长11~14mm，翅展24~26mm，体黄褐色、赤褐色、暗褐色。前翅基部至外缘有3条白色波状横线，每线两侧均具暗边，亚外缘线由脉间黑点组成波浪形，内横线似1对小括号“（ ）”，中横线像“八”字形，外横线呈倒“八”字的波浪形，横脉为1小黑点。后翅黄褐色臀角处有1个赭色或红褐色小斑。

卵：扁圆形，长0.6mm，半透明，鱼白色。

幼虫：老熟幼虫体长21~23mm，体色有灰褐色或灰绿色，微带紫色光泽。体侧有1

条黄色纵带，各体节有不明显的肉瘤，以腹部第 1、8 节背面肉瘤较大，呈灰色，上生短毛。初龄幼虫浅绿色，背面有两条黄色纵带，腹部第 1、3、8 节背部中央有紫红色毛斑，额区有黑色“八”字形斑，虫体略扁，臀足呈二叉状。

蛹：体长 13mm，褐色，近纺锤形，臀棘上的钩刺呈叉状。

发生与为害：

1 年发生 3 代，以蛹在树皮逢、枯枝落叶层及墙缝和屋角等处越冬，翌年 5 月初开始羽化，成虫有趋光性，夜晚交配产卵，卵多产于叶背面，单层块状，每块含卵 300~400 粒。5 月中旬出现第 1 代幼虫，第 2 代幼虫 6 月下旬，老熟幼虫吐丝缀叶化蛹。第 3 代幼虫 8 月上旬，幼虫世代有重叠现象，初孵幼虫在叶面有群聚取食习性。9 月中旬老熟幼虫下树化蛹。在大发生年份，可将成片杨树吃光，影响树木生长。近年在沈阳、锦州、阜新、朝阳、鞍山等地曾经造成灾害。

防治方法：

1. 释放人工繁育天敌：卵期释放赤眼蜂，每亩 1 万 ~2 万头，初蛹期释放周氏啮小蜂，蜂蛹比 3~5 ： 1。

2. 施药防治：幼虫期树冠喷洒 Bt（苏云金杆菌）可湿性粉剂 800 倍液、20% 除虫脲悬浮剂 4 000 倍液、0.9% 阿维菌素乳油 1 000 倍液、90% 晶体敌百虫 1 000 倍液、2.5% 功夫乳油（三氟氯氰菊酯）2 000 倍液、48% 催杀（多杀菌素）悬浮剂 1 000 倍液，可连用 1~2 次，间隔 7~10 天。

3. 初孵幼虫期，人工摘除群聚虫叶片。

4. 黑光灯诱杀：成虫期夜间用黑光诱杀灯诱杀成虫。

5. 经营清理：秋末冬初，清除林间落叶，将其烧毁，初春深翻土壤，破坏越冬蛹。

6. 保护利用天敌：食虫益鸟：家燕、灰喜鹊、灰椋鸟、杜鹃；寄生天敌：赤眼蜂、啮小蜂、绒茧蜂等。

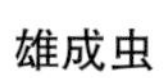

雄成虫

雌成虫

休伏成虫

卵

幼虫

老熟幼虫

下树老熟幼虫

被害状

15 杨叶甲 *Chrysomela populi* Linnaeus

杨叶甲属鞘翅目，叶甲科。又名白杨金花虫、杨金花虫。以成虫、幼虫为害幼芽、嫩梢、叶片，是苗圃和幼林常见害虫。

分布：

东北、华北、西北 、华东、华中、西南；西藏；印度、越南；东亚、欧洲、非洲。

寄主：

杨，柳。

形态特征：

成虫：体长 9~12mm，宽 7mm，体呈椭圆形。背面隆起，具金属光泽。触角蓝黑色，末端灰褐色，第 7 节以下稍膨大。前胸背板蓝黑色，小盾片蓝黑色，三角形。前胸背板侧缘微弧形，前缘内陷，肩角外突，盘区两侧隆起。鞘翅橙黄或橙红色，比前胸宽，密布刻点，沿外缘有纵隆线。

卵：长约 2mm，长椭圆形，初产黄色，后变橙黄色或黄褐色。

幼虫：老熟幼虫体长 15~17mm，扁平，橙黄色，头黑色，前胸背板有 “W”字形黑纹。其他各节有黑点 2 列，第 2、3 节两侧各具 1 个黑色刺状突起。腹面具伪足状突起。初孵白色。

蛹：体长 12~14mm，为垂蛹，初期浅白色，羽化前金黄色，蛹背有成列黑点，蛹体末端留在蜕内。

发生与为害：

1 年发生 1 代，以成虫在枯枝落叶或表土中越冬，翌年 4 月开始活动，成虫上树取食并交尾，5 月上旬产卵，可延至 6 月，产卵量 518~873 粒，卵产在叶片上，呈块状，每块卵粒不等。初孵幼虫密集在卵壳上，以卵壳为食，后转移叶片上群集取食，幼虫遇惊扰，背部突起溢出黄褐色带臭味液体。幼虫共 4 龄，6 月下旬出现第一成虫，在表土、落叶、杂草中越夏，8 月下旬又活动取食，9 月下旬下树越冬。成虫有假死习性。对苗圃苗木和新植幼林有一定的危害。

防治方法：

1. 利用成虫假死习性，早春成虫上树期，早晚时振动树干扑杀落地成虫。在苗圃效果更好。

2. 5 月中旬至 6 月中旬，树冠喷洒 10% 吡虫啉可湿性粉剂 1 000 倍液、2.5% 功夫乳油（三氟氯氰菊酯）2 000 倍液、0.9% 阿维菌素乳油 1 000 倍液、40% 氧化乐果 800 倍液、90% 敌百虫 800 倍液、5% 灭百可 2 000 倍液、2.5% 溴氰菊酯 6 000 倍液，防治成虫和幼虫。

3. 秋末冬初，清除林地枯枝落叶，集中烧毁。

4. 苗圃苗木和低矮树在卵期、初孵幼虫期人工摘除有虫叶片。

成虫

成虫交尾

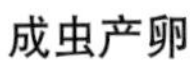
成虫产卵

卵

卵

幼虫

16 杨潜叶跳象 *Rhynchaenus empopulifolis* Chen

杨潜叶跳象属鞘翅目，象虫科。以幼虫潜叶取食杨树叶肉为害，在辽宁主要发生在辽西的朝阳、阜新干旱地区，幼树被害较重。

分布：

朝阳、阜新、葫芦岛、锦州；河北、山东、山西、新疆。

形态特征：

成虫：体长2.3~2.7mm，近椭圆形，黑色或黑褐色，眼大，喙短向后略弯。喙、触角、足大部分为浅黄色，触角着生于喙中部之后。前胸宽为长的2倍，背面覆被黄褐色向内的尖细卧毛。小盾片舌形，密被白色鳞毛。鞘翅长为宽的1.5倍，肩部较圆，两侧较平行，鞘翅各行间有1列尖细卧毛，还散布短细的淡褐色卧毛。臀板外露。

卵：长卵形，长径0.6~0.7mm，乳白色。

幼虫：老熟幼虫体长3.5~4.0mm，体扁宽，头小，半圆形，深褐色。前胸较长，背板2块。无足，腹部7节，两侧有泡状突。

蛹：裸蛹，初乳白色，后变黄色，羽化前黑褐色。

发生与为害：

1年发生1代，以成虫在枯枝落叶层、表土层深1.0~1.5cm处越冬，翌年4月上旬开始活动，并于一周后交尾产卵，产卵前，成虫在嫩叶背面咬出产卵室，产1粒卵。4月下旬卵孵化，5月上旬为盛期，初孵幼虫开始潜食叶肉，形成1个圆形4.5~5.0mm叶苞，幼虫随食尽叶肉仅剩上下表皮的叶苞时脱落到地面，幼虫在苞内伸曲，可在地面上不断弹跳。幼虫可为害到6月上旬。老熟幼虫在落地叶苞内化蛹。6月中旬化蛹盛期，成虫羽化后在叶背取食，成虫能飞善跳，9月下树越冬。严重发生林地树叶几乎全部被害，一个叶片上就有数个穿孔。近年在辽西地区发生为害较为严重。

防治方法：

1. 施药防治：4月在成虫上树期喷洒90%晶体敌百虫1 000倍液、2.5%敌杀死乳油4 000倍液、绿色威雷微胶囊剂800倍液。

2. 施药防治：5—6月幼虫为害期，9月中旬为成虫羽化期，树冠喷洒1.2%烟参碱可溶性液剂1 000倍液、2.5%催杀（卡死特、多杀菌素）悬浮液1 000倍液、40%氧化乐果乳油、50%辛硫鳞乳油800倍液、20%高氯菊酯（百事达、歼灭）乳油2 000倍液、5%锐劲特乳油1 500倍液。

3. 经营清理：秋末落叶后收集地面枯枝落叶集中烧毁。

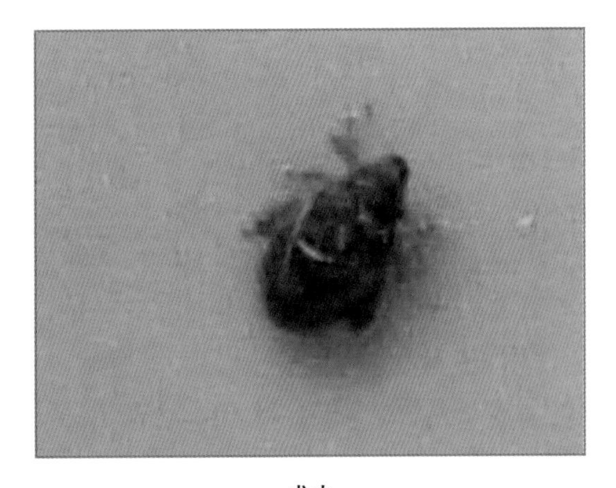
成虫

成虫取食补充营养

幼虫

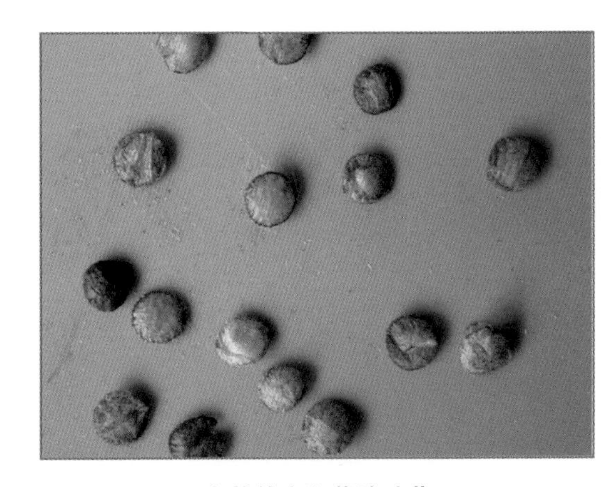
老熟幼虫和落地叶苞

被害状

被害状

17 杨二尾舟蛾 *Cerura menciana* Moore

杨二尾舟蛾属鳞翅目，舟蛾科。是杨树主要食叶害虫之一，大发生年份时将成片杨树树叶吃光，影响树木生长。曾在辽宁造成严重危害。

分布：

内蒙古、宁夏、江苏、江西；东北、华北、华东；朝鲜、日本、越南；欧洲。

寄主：

杨、柳。

形态特征：

成虫：体长 28~30mm，翅展 75~80mm，全体灰白色。胸背有 2 列黑点，每列 3 个，翅基片有 2 个黑点。雄蛾黄褐色，触角双栉齿状。腹背黑色，1~6 节中间有 1 条灰白色纵带，每节两侧各具 1 个黑点。前翅、后翅黄褐色，翅脉同雌蛾；雌蛾触角单栉齿状，前翅、后翅灰白色略带紫褐色，翅脉黑褐色，所有斑纹黑色，横脉纹月牙形，中横线和外横线深锯齿形，外缘线由脉间黑点组成。腹部背面有 4 节黑色，中央为白色，末端两节灰白色，有 3 条黑纵纹。

卵：馒头形，长约 3mm，初产淡绿色，后变赤褐色，中央有 1 个黑点。

幼虫：老熟幼虫体长 50mm 左右，黄绿色，头大呈正方形，深褐色，部分缩入前胸内，两颊具黑斑。前胸背板大，粉绿色。背线绿色，亚背线粉红色。第 1 胸节背面，前端白色，后面有 1 个三角形紫红色斑，以后呈纺锤形宽带伸向腹背末端，从前胸逐渐到后胸形成 1 个突峰。第 4 腹节侧面有 1 条白色条纹。胸足 3 对，腹足 4 对。体末有 2 个可以向外翻缩的长尾角，密生小刺，末端赤褐色。初孵幼虫黑色。

蛹：体长 25mm，宽 12mm，赤褐色，尾端钝圆，有颗粒突起。茧椭圆形，坚硬，灰黑色。

发生与为害：

1 年发生 2 代，以蛹在树干木屑茧中越冬。翌年 5 月上旬羽化成虫，5 月中旬产卵，卵产在叶背，每次产 1~2 粒，产卵量 130~400 粒。卵期 7~12 天，5 月下旬第 1 代幼虫孵化，初孵幼虫紫黑色，大部分幼虫初龄阶段有群集性，取食多天后变为青绿色，幼虫受惊扰由尾叶翻出红色尾须。幼虫 5 龄。7 月上旬，老熟幼虫在树干基部咬破树皮和木质部吐丝缀结硬茧在其中化蛹。第 2 代成虫 7 月中旬羽化，成虫有较强的趋光性。8 月上旬产卵。以幼虫取食叶片为害，9 月下旬开始老熟幼虫在树杈处或树干基部把树皮咬碎并分泌黏液，做成坚硬的茧壳在内化蛹越冬。1960—1970 年，在沈阳、辽阳、鞍山、营口、大连地区大发生，幼虫 2~3 天将大片杨树叶吃光，曾造成严重危害。

防治方法：

1. 人工除蛹茧：人工刮除树干蛹茧，集中深埋或烧毁，或人工砸击蛹茧。

2. 施药防治：幼虫期树冠喷洒 Bt 可湿性粉剂 800 倍液、24% 米满悬浮液 2 000 倍液、20% 氯氰菊酯乳油 3 000 倍液、48% 乐斯本（毒死蜱）乳油 1 000 倍液、90% 敌百虫晶体 1 000 倍液、1.8% 阿维菌素乳油 2 000 倍液、50% 吡虫啉可溶性液剂 3 000 倍液、50% 敌马合剂乳油 1 000 倍液。

3. 灯光诱杀：成虫期利用成虫具有较强趋光性，夜间用灯光诱杀。

4. 释放赤眼蜂天敌：卵期林间可释放赤眼蜂。蜂卵比 5 ∶ 1。

雄成虫

雌成虫

成虫交尾

卵

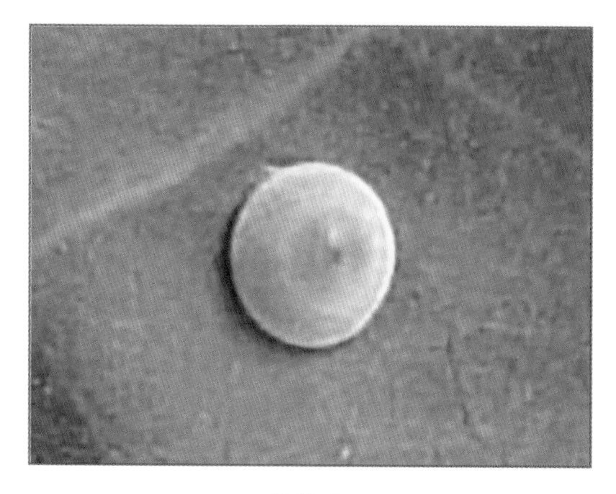

卵放大

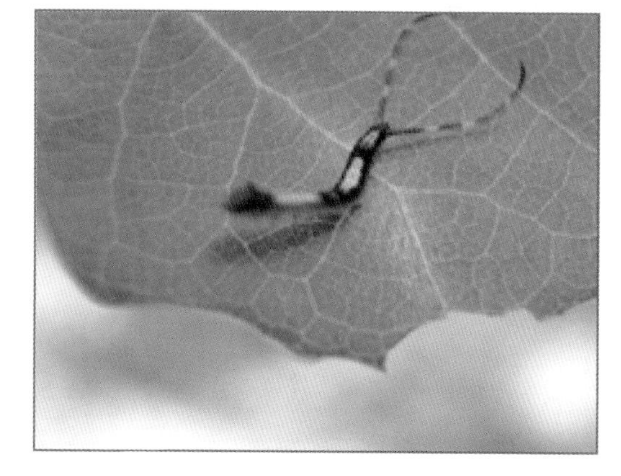

小幼虫

老熟幼虫

茧和蛹

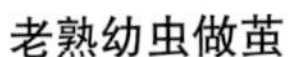

老熟幼虫做茧

羽化孔

被害状

18 杨黑点叶蜂 *Pristiphora conjugata*（Dahlbom）

杨黑点叶蜂属膜翅目，叶蜂科。又名杨黄褐锉叶蜂。在人工林，尤其是苗圃和幼林常发性食叶害虫。严重发生时，将树叶吃光，影响树木正常生长。

分布：

铁岭、沈阳、鞍山、辽阳、营口、锦州、葫芦岛；内蒙古、新疆；东北、华北。

寄主：

杨。

形态特征：

成虫：雌成虫体长7~8mm，雄成虫体长5~6mm，体黑色有光泽。头黑色，触角丝状，触角下方黄褐色，上方黑色。中胸、后胸背板、小盾片及腹面腹板黑色。翅半透明有光泽，翅痣黑色。前足、后足基节及胫节橙黄色，后足跗节青黑色。腹部1~8节背板中央具黑斑。

卵：椭圆形，先端宽，后端尖，长1.4mm。乳白色半透明。

幼虫：老熟幼虫体长15~17mm，体黄绿色，体呈C形弯曲。头棕黄色，单眼黑色，胸部各节背面有7个横列黑斑，腹部1~7节侧面各有5个黑亮斑，胸足基部1~7节和腹足基部各有2个黑斑。7、8腹节背面有2个横排小黑点。

蛹：乳白色，体长5.2~10.1mm，背部淡褐色，复眼紫红色。

发生与为害：

1年发生3代，以老熟幼虫结茧在枯枝落叶、草根处和土中越冬，翌年5月下旬化蛹，陆续羽化。各代成虫出现在5月下旬至6月中旬，7月中旬至8月中旬，9月下旬。卵产在叶缘叶肉内，每个叶片可产卵33粒，最多100粒以上，幼虫成排沿嫩叶边缘取食，受惊时虫体倒立，被害叶片仅剩叶柄。多发生为害苗木和幼林。

防治方法：

1. 人工扑杀：人工摘除卵叶和幼虫群聚叶片，集中扑杀。

2. 施药防治：幼虫期树冠喷洒1.8%阿维菌素乳油3 000倍液、10%烟碱乳油800倍液、40%杀螟松乳油1 000倍、40%氧化乐果乳油1 000倍、80%敌敌畏乳油1 500倍液、20%速灭杀丁乳油3 000倍液。成虫羽化期地面、树冠喷洒1.2%敌杀死乳油3 000倍液、40%氧化乐果乳油或50%吡虫啉可湿性液粉剂1 000倍液。

3. 经营清理：及时清除林地枯枝落叶，集中烧毁。

成虫

幼虫

群集小幼虫

幼虫取食

老熟幼虫下树

被害状

19 杨扁角叶蜂 *Stauronematus compressicornis* (Fabricius)

杨扁角叶蜂属膜翅目，叶蜂科。是杨树人工林食叶害虫。严重时将整株叶片吃光，1979—1980 年曾经在内蒙古大发生，将大片杨树林树叶吃光，影响树木生长，减少木材生长量。

分布：

锦州、沈阳、鞍山、辽阳、铁岭、丹东；东北、华北；内蒙古、新疆；日本、朝鲜、英国、俄罗斯。

寄主：

杨、柳 。

形态特征：

成虫：雌虫体长 7.0~8.0mm，雄虫体长 5.0~6.0mm。黑色，有光泽，被有稀疏白色短绒毛。触角褐色，侧扁，第 3~8 节各节端部下面加宽，呈角状。前胸背板、翅基片、足黄色（后足胫节及跗节尖端黑色）。翅透明，翅痣黑褐色，翅脉淡褐色。爪的内、外齿平行，基部膨大，为一宽基叶。锯鞘约达到尾须末端，圆形，末端尖。

卵：椭圆形，长 1.3~1.5mm，乳白色，表面光滑。

幼虫：老熟幼虫 9.0~11.0mm，体鲜绿色。胸部每节两侧各有 4 个黑斑，胸足黄褐色，身体上有许多不均匀的褐色小圆点。初孵幼虫体长 1.8~2.0mm。头黑褐色，头顶绿色，唇基前缘平截。

蛹：体长 6.0~7.5mm，灰褐色。口器、触角、翅、足乳白色。腹部第 1~8 节背面绿色。初为乳白色，后为茶褐色。雌茧长 7.0~8.0mm，雄茧长 4.0~6.0mm。

发生与为害：

1 年发生 4 代，以老熟幼虫结茧在树干基部土中越冬，翌年 4 月初化蛹，下旬羽化，每雌虫能产卵 50~60 粒。卵多产在苗木顶端嫩叶背面上的叶脉或叶脉两侧的表皮下，卵期 4~6 天。5 月上旬幼虫孵化。幼虫孵化后，幼虫取食前先分泌白色泡沫，凝固成蜡丝，留在食痕周围。取食叶脉附近叶肉，使叶出现小圆孔洞，然后用胸足沿圆洞边缘握住叶片，身体倒立，腹末向下弯曲，幼虫沿圆洞向叶缘取食仅留叶脉，1~2 龄幼虫常 5~6 头群集取食，3~5 龄分散取食，幼虫为害期分别为 5 月上、中旬，6 月上、中旬，7 月中、下旬，8 月中、下旬和 9 月中、下旬。10 月上旬幼虫下树越冬。幼虫有假死习性，遇惊扰尾部上举或坠落落地。老熟幼虫顺着枝条下树，钻入树基周围地下 20~30mm 深的疏松土层中或枯枝落叶下吐丝做茧。

防治方法：

1. 人工扑杀：幼龄幼虫群集叶上时，可采取人工捕捉方法。利用幼虫假死性，3 龄后于树下铺张塑料薄膜，振动树干，收集扑杀落下的幼虫。

2. 幼虫期施药：对幼龄幼虫树冠可喷洒 2.5%Bt（苏云金杆菌）胶悬剂 800 倍液、90% 敌百虫晶体或 80% 敌敌畏乳油 1 500~2 000 倍液；或 40% 氧化乐果乳油、50% 马拉硫磷乳油 2 000 倍液、高氯菊酯乳油 3 000 倍液。

3. 成虫期施药：成虫期可利用其取食花蜜习性，喷洒 50% 敌敌畏乳油 1 500~2 000 倍液或 40% 氧化乐果乳油或 50% 久效磷乳油 1 000 倍液在林地周围蜜源植物上。

4. 蛹前期施药：幼虫入土前，向地面喷洒绿色威雷微胶囊剂或辛硫磷乳油 200 倍液，毒杀入土幼虫。

5. 旋耕杀蛹：蛹期在林下地面进行旋耕，以杀死蛹。

雄成虫

雌成虫

卵

幼虫

被害状

20 杨枯叶蛾 *Gastropacha populifolia* Esper

杨枯叶蛾属鳞翅目，枯叶蛾科。俗称白杨毛虫、杨柳枯叶蛾，是杨树食叶害虫。幼虫灰绿或灰黑色，体扁平，白天群居静伏树干基部，又俗称“贴树皮”，主要为害疏林、庭院、园林树木，大发生时可将整株或成片树叶吃光。

分布：

东北、华北、华东、西北、西南、华中、华南；日本、朝鲜；欧洲。

寄主：

杨、柳及苹果、梨、李、杏、桃、栎等。

形态特征：

成虫：雌成虫体长28~36mm，翅展56~76mm，雄成虫体长17~27mm，翅展40~59mm，体翅黄褐色或浅褐色。胸部上方有1条黑色纵纹，前翅顶角狭长，橙黄色，外缘和内缘呈波状弧形，后缘短。前翅有5条断续波状黑色斑纹，外缘1列较整齐。后翅有3条明显黑褐色斑纹，前缘黄橙色，后缘淡黄色。前后翅散布稀疏黑色鳞片。

卵：椭圆形，长约2mm，乳白色，上有黑色花纹，卵块覆被灰黄色绒毛。

幼虫：老熟幼虫体长80~85mm，灰绿或灰黑色，体扁平，生有灰长毛。头棕褐色，第2、3胸节背面有2个蓝黑色毛束，中胸大且明显。腹部第8节背上有较大圆形瘤状突起瘤，顶部白色，上生长毛，体被有褐色、棕黄色毛斑。背中线褐色，侧线呈“八”字形黑褐色斑纹。体侧每节各有1对褐色毛瘤。瘤上有倒“V”字形斑。胸足、腹足灰褐色，腹足间有棕色横带。

蛹：体长27mm，红褐色。茧污白色，长椭圆形，上有棕黄色粉状物。

发生与为害：

1年发生1代，以3龄幼虫吐丝在枯枝落叶、树皮缝内结薄茧越冬，翌年4月上旬开始活动，夜间取食，白天常常紧贴在树皮上，不易发现。6月上旬，老熟幼虫吐丝缀叶或在树干上结茧化蛹，茧灰褐色，上有幼虫体毛。6月下旬出现成虫，静止时从侧面看形似枯叶，故名为枯叶蛾。成虫有较强的趋光性，产卵量400~700粒，卵产在叶背和树干上，几粒或几十粒产在一起，单层或双层成块状。1、2龄幼虫群集取食，3龄后分散，幼虫为害到10月下旬越冬。为害猖獗时，短期内能将整株树叶片吃光，造成树势生长衰弱，影响林木生长。

防治方法：

1. 灯光诱杀：利用成虫有较强的趋光性，夜间用黑光诱杀灯诱杀。

2. 施药防治：幼虫期树冠喷洒1.8%阿维菌素乳油3 000倍液、Bt乳剂可湿性粉剂（每毫升含100亿孢子）1 000倍、48%催杀悬浮剂1 000倍液、10%烟碱乳油800倍液、50%敌敌畏乳油500倍液、90%敌百虫晶体8 000倍液、50%敌马合剂乳油800倍液、40%灭扫利乳油1 000倍液。

3. 人工扑杀：利用幼虫白天在树干上群伏，人工扑杀。人工摘除卵块。

4. 树干阻杀：利用幼虫白天下树在树干群栖息，在树干绑毒绳或用菊酯类药液喷毒环阻杀。

雄成虫

雌成虫

休伏成虫（侧面）

休伏成虫（背面）

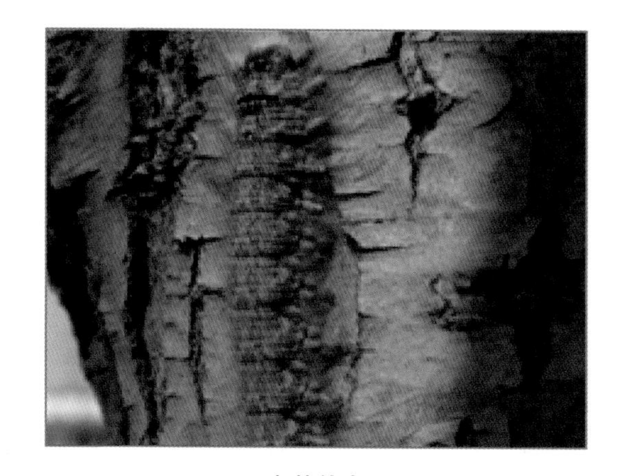

老熟幼虫

越冬幼虫

21 白杨枯叶蛾 *Bhima idiota* Graeser

白杨枯叶蛾属鳞翅目，枯叶蛾科。是普遍发生杨树食叶害虫，幼虫取食树叶，主要为害疏林、园林、庭院杨树，个别年份大发生将整株树叶吃光。影响树木正常生长。

分布：

抚顺、大连、鞍山、辽阳、沈阳、铁岭、丹东、阜新、营口；江西、河南、广东、广西、新疆、湖北；东北、华北、华东、西北、西南；朝鲜。

寄主：

杨、柳及榆、糖槭、文冠果、苹果、梨。

形态特征：

成虫：雌成虫体长 27~33mm，翅展 63~72mm，体浅灰褐色，密被鳞片鳞毛。触角栉齿状，灰褐色。前翅中室末端有近圆形白斑，有 5 条灰白色波状横线，后翅有 2 条。腹部末端毛淡黄色。

雄成虫体长 22~28mm，翅展 47~51mm，体黑褐色，触角黑色羽毛状，前翅中室端白斑近圆形或三角形，横线灰白色，内线为双条波状，外线双条和亚端线均锯齿形，外线与亚外线间的各脉间具深色楔形斑。后翅中外部有浅黄色横带 2 条，中部有 1 条淡黄色斑纹，将外横线分成前后两段。

卵：长 1.3mm，土黄色，椭圆形，堆积块状，上覆有黄色毛。

幼虫：老熟幼虫体长 60~75mm，体黄褐色，粗壮，密被灰白色毛。头褐色，前胸前缘两侧有 2 个瘤突，中、后胸背面中后部各具 1 块横长方形黑斑，斑上簇生黑色和棕黄色毛，中、后胸、第 1~8 腹节侧下缘中部各具 1 个瘤突，腹部各节背面有“八”字形黑色毛斑，上有土黄色毛丛，斑后有赤黄色横带。体侧每节各有大小不同的褐色毛瘤，边缘呈黑色。胸足黑色，腹足趾钩 66~68 个双序中带式。初孵幼虫黑色，被灰白色毛。

蛹：纺锤形，暗红褐色，长 30~35mm，茧外被幼虫体毛。

发生与为害：

1 年发生 1 代，以老熟幼虫在树皮缝、土缝或墙缝结茧越冬，翌年 4 月初化蛹，5 月上旬开始羽化出成虫，寿命 4~6 天，成虫有趋光性。卵产在树干上或建筑物缝隙，卵呈块状，每块 30~140 粒，上有黄色绒毛，卵期 20 天左右，5 月中旬为产卵盛期，6 月上旬孵化，初孵幼虫黑色，被灰白色毛。群栖卵块附近取食，稍大后分散为几群，群栖为害，小幼虫取食在嫩叶上排成 1 列，晚间取食叶片，白天群居在树干上静伏不动，故称“贴树皮”，幼虫共有 8 龄。3 龄后分散，4 龄后食害老叶，白天取食，晚间在树丫和树干上静伏不动，9 月下旬下树群集越冬。

防治方法：

1. 人工扑杀：人工摘除群栖取食叶片、卵块。

2. 施药防治：幼虫发生期，掌握在幼虫 3 龄以前尚未分散时，喷洒 1.8% 阿维菌素乳油 3 000 倍液、Bt 乳剂可湿性粉剂（每毫升含 100 亿孢子）1 000 倍、48% 催杀悬浮剂 1 000 倍液、10% 烟碱乳油 800 倍液；幼虫期喷洒 90% 敌百虫晶体或 80% 敌敌畏乳油、50% 马拉硫磷乳油 1 000~1 500 倍液。

3. 灯光诱杀：利用成虫有较强的趋光性，夜间用黑光诱虫灯诱杀。

4. 树干阻杀：在树干绑毒绳或用菊酯类药液喷毒环阻杀。

5. 参照杨枯叶防治。

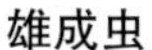

雄成虫

雌成虫

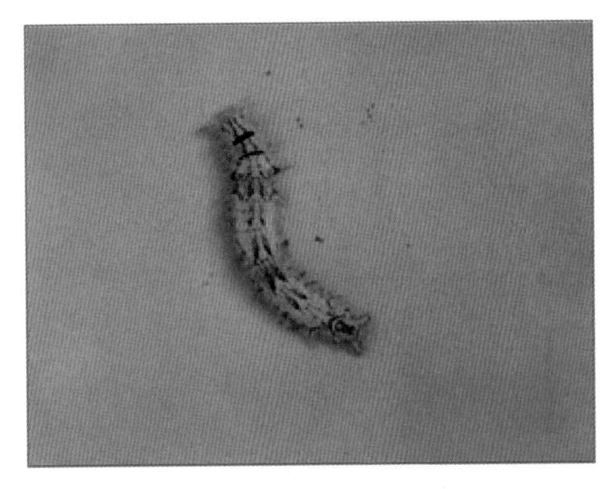
幼虫

老熟幼虫

22 桃红颈天牛 *Aromia bungii* Faldermann

桃红颈天牛属鞘翅目，天牛科。别名红颈天牛、铁炮虫。以幼虫蛀食树干，在皮层和木质部蛀隧道，造成树干中空，使树势衰弱，叶片变小、枯黄，甚至全株枯死。

分布：

辽宁、陕西、内蒙古、河北、河南、山西、山东、江苏、浙江、湖北、江西、湖南、福建、广东、香港、广西、四川、贵州、云南；朝鲜、俄罗斯。

寄主：

杨、柳、桃、杏、樱桃、郁李、梅、栎、核桃等。

形态特征：

成虫：体长28~37mm，体黑色发亮，头黑色，头顶部两眼间有深凹。触角紫蓝色，每节各有1个叶状突起，雄成虫触角超过虫体5节；雌成虫触角超过虫体2节。前胸背板红色有光亮，或完全黑色，前胸两侧各有刺突1个，背面有4个瘤突。鞘翅黑色表面光滑，基部较前胸为宽，后端较狭。雄成虫身体比雌成虫小，前胸腹面密布刻点，腹面有许多横皱。

卵：卵圆形，长6~7mm，乳白色。

幼虫：老熟幼虫体长42~52mm，乳白色，头小，黑褐色，上颚发达。前胸较宽阔，身体前半部各节略呈扁长方形，后半部稍呈圆筒形，体两侧密生黄棕色细毛。前胸背板前半部横列 4 个黄褐色斑块，位于两侧的黄褐色斑块略呈三角形。前缘中央凹缺，后半部背面色浅，各节有纵皱纹，胸足 3 对。胴部各节的背面和腹面都稍微隆起，并有横皱纹。

蛹：长 35mm 左右，初为乳白色，后渐变为黄褐色。前胸两侧各有 1 刺突。

发生与为害：

2~3 年发生 1 代，以幼龄幼虫和老熟幼虫越冬。以老幼虫在树干内越冬，翌年 6—8 月羽化出成虫，交尾产卵，卵产在树皮缝内，幼虫孵出后向下蛀食韧皮部，当年生长至 6~10cm，就在此皮层中越冬。翌年春天幼虫恢复活动，继续向下由皮层逐渐蛀食至木质部表层，先形成短浅的椭圆形蛀道，中部凹陷，至夏天由蛀道中部蛀入木质部深处，蛀道不规则，入冬幼虫即在此蛀道中越冬。第 3 年春继续蛀害。幼虫蛀干为害以主干为多，一般多分布在地上 50cm 主干范围内，由上向下蛀食，蛀道弯曲无规则，常蛀孔外和地面堆积大量排出的红色粪屑和木屑，造成树干流胶、树势衰弱，或整株死亡。

防治方法：

1. 人工扑杀：成虫出现期，利用遇惊落地假死习性，振动树干，人工扑杀落地成虫。
2. 施药堵孔：用 40% 氧化乐果乳油 30 倍液或 80% 敌敌畏乳油 30 倍液注入虫蛀道内，注药前先将蛀孔内碎屑清除干净，施药后用黄黏土泥封口。或用磷化铝颗粒堵孔，后用泥封孔，防治幼虫。
3. 施药防治：6、7 月间成虫发生盛期和幼虫孵化期，在树干上喷洒 80% 绿色威雷微胶囊剂 1 000 倍液、20% 吡虫啉（康福多、高巧）可溶性液剂 1 000 倍液、50% 杀螟松乳油 1 000 倍液。相隔 7~10 天喷 1 次，连喷 3 次。
4. 人工扑杀：9 月前在主干与主枝上一旦发现红褐色虫虫粪，即用小刀划开树皮将幼虫杀死。
5. 清除虫源：发现严重被害虫源树及时清除处理。

雄成虫

雌成虫

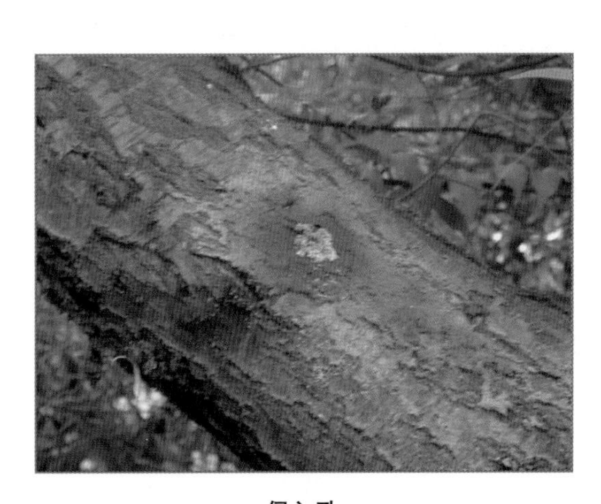

侵入孔

排粪屑孔和被害状

23 亚洲玉米螟 *Ostrinia furnacalis* Guenee

玉米螟属于鳞翅目，螟蛾科，又叫玉米钻心虫、钻茎虫、箭杆虫。玉米螟幼虫是钻蛀性害虫，主要发生在幼林地间种玉米，玉米发生玉米螟转移到杨树为害 1 年生枝条，取食髓部，使枝梢易被风吹折，造成枝断、秃顶。

分布：

全国各省区；亚洲、澳洲。

寄主：

杨、柳、玉米、高粱、谷子、向日葵等。

形态特征：

成虫：雄成虫体长13~14mm，翅展22~28mm，体黄褐色。触角丝状，灰褐色。前翅黄褐色，内横线为暗褐色波浪纹，内侧黄褐色，基部褐色；外横线暗褐色锯齿状，外侧黄色；中室中央和外端有1条深褐色斑纹；前后翅中部有1条明显的褐色连纹。后翅灰褐色。雌成虫体长14~15mm，翅展28~34mm，体鲜黄色，前翅鲜黄色，线纹浅褐色，后翅淡黄褐色，腹部较粗壮。

卵：椭圆形，扁平，初乳白色半透明，渐变为黄白色，孵化前卵的一部分为黑褐色，几十粒卵粘在一起排列成不规则鱼鳞状。

幼虫：老熟幼虫体长20~30mm，圆筒形，浅黄褐色，有光泽。头部深黑色。背部淡灰色或带淡红褐色，中、后胸背面各有1排4个圆形毛片，1~8腹节背面前方亦有1排4个圆形毛片，后方各有2个毛片，前大后小，中央有1条明显淡褐色透明线。

蛹：长15~18mm，长纺锤形，黄褐色或红褐色，尾端有5~8根黑褐色向上弯曲的刺毛。

发生与为害：

东北地区1年发生2代，以老熟幼虫在被害禾本科植物寄主根和秸秆蛀道内越冬。翌年5月下旬化蛹，6月上旬羽化，成虫有较强的趋光性。成虫产卵成块、鱼鳞状在植物叶片背面，6月中旬初孵幼虫从芽或叶柄基部蛀入枝内开始为害，形成隧道，蛀道孔口有黑色粪渣排出，破坏植株内水分、养分的输送，使枝条折断。幼虫有转移为害习性，6月下旬、8—9月为害最重，10月份开始越冬。由于近些年在幼林林地间作玉米，造成转移到杨树1年生枝条为害，导致风折断枝，成为杨树幼树的重要害虫。

防治方法：

1. 人工防治：林地不得间种玉米、谷子。发生严重林地要及时清除玉米秸秆，集中烧毁处理。人工剪除幼虫侵入被害枝条。

2. 天敌生物防治：卵期幼林地释放人工繁育玉米螟、赤眼蜂或松毛虫赤眼蜂，放蜂量每亩2万~3万头。分3次释放，相隔4天。

3. 黑光灯诱杀：成虫期利用其趋光性，夜间进行灯光诱杀，设黑光灯组效果更好。

4. 施药防治：成虫产卵期，初孵幼虫期，树冠喷洒5%氟虫脲（卡死特）悬浮剂1 500倍液、48%催杀（多杀菌素）悬浮剂2 000倍液、20%高氯菊酯乳油2 000倍液、90%敌百虫晶体 500 倍液、80% 敌敌畏乳油 800 倍液。

雄成虫

雌成虫

卵块

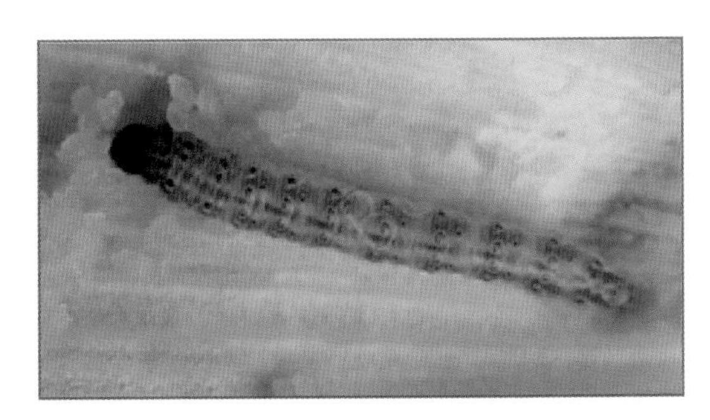
幼虫

小幼虫

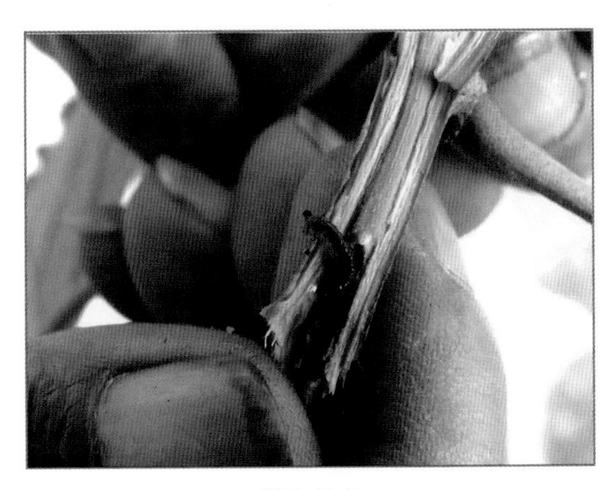
梢内幼虫

侵入孔

老熟幼虫

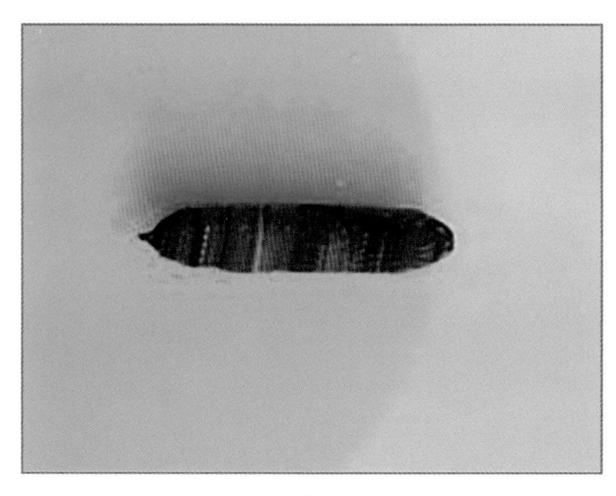

蛹

被害状

24 杨卷麦蛾 *Anacampsis populella*（Glerck）

杨卷麦蛾属鳞翅目，麦蛾科，又称山杨麦蛾。主要以幼虫取食芽和在卷叶内取食叶片为害。此虫主要发生在10年生以上的杨树林中，疏林、孤立木和林缘木被害严重。

分布：

阜新、锦州；黑龙江、吉林、山西、内蒙古、河北、陕西、甘肃、宁夏、青海、新疆。

寄主：

杨树。

形态特征：

成虫：体长 9~11mm，雄蛾翅展 18mm 左右，雌蛾翅展 21mm 左右。头部密布灰色鳞片，有光泽。唇须镰刀形，超过头顶。触角灰褐色，丝状，间有黑白环纹。前翅披针形，灰黑色，外缘有 6 个等距离黑斑，外横线灰白色，波状纹近似“3”字形，翅面有 8 个不规则云状黑斑，其中近翅基 3 个呈“V”字形。后翅菜刀形，灰褐色，缘毛较长。3 对足的跗节外侧有 4 条黑白相间的环纹。腹部背面基部淡黄色，端部黑褐色。

卵：椭圆形，长 0.8mm，有纵脊。初产时乳黄色，稍后变为淡红色。

幼虫：老熟幼虫体长 12~16mm，灰绿色。头部黑褐色。前胸背板较大，黄褐色，胸足黑色，胸腹各节背面排列整齐的黑色毛瘤。 腹足趾钩双序二横带，趾钩 24~26 根，臀足趾钩集成 2 团。幼虫初孵为淡黄色。

蛹：长 8~10mm，黄褐色。复眼黑褐色。近羽化时，翅及头变为黑褐色。臀棘 24 根。

发生与为害：

1 年发生 1 代，以卵在枯枝和树皮缝中越冬，翌年 4 月孵化，幼虫钻入芽内取食 3~4 天后开始卷叶，大多 1 叶，少数 2~3 叶卷成 1 筒，以主叶脉为轴吐丝对连半包成饺子状，卷叶处有 3~7 处丝状缝合线，幼虫在卷叶内取食，将叶取食成网眼状，之后幼虫用丝逐层纵卷 4 片叶左右取食。幼虫极为活泼，进退自如，晚间幼虫爬出活动，幼虫在卷叶内做孔洞状或片状取食，直到老熟。在树皮缝内做灰白色的薄茧化蛹。幼虫化蛹有群居性，茧大部分呈块状相连在一起。6 月中旬开始羽化，6 月下旬为高峰，7 月中旬羽化结束。卵于 7 月中旬初见，8 月下旬产卵结束，以卵越冬。产卵位置主要集中在枯枝与活枝相接处的翘皮缝内。卵多数为 10~40 粒粘着成块。 此虫主要发生在 10 年生以上的杨树林中，疏林、孤立木和林缘被害严重。

防治方法：

1. 人工剪除：人工摘除卷叶；冬季组织剪除干枯枝，以消灭越冬虫卵。

2. 灯光等诱杀：夜间可用黑光灯或糖醋液诱杀成虫。

3. 施药防治：幼虫初孵期及幼虫转移为害期，向树冠及枝梢喷洒苏云金杆菌（Bt）（每毫升含 100 亿孢子）可湿性粉剂 400 倍液、1% 苦参碱可溶液剂 2 000 倍液、50% 杀螟松乳油 1 000~1 500 倍液、50% 辛硫磷乳油 800 倍液、或 80% 敌敌畏乳油 800 倍液、10% 吡虫咻可湿性粉剂 1 000 倍液。

4. 保护和利用天敌：跳小蜂、小茧蜂寄生幼虫，寄生蛹有寄生蝇、姬蜂，应加以保护和利用。

成虫

幼虫

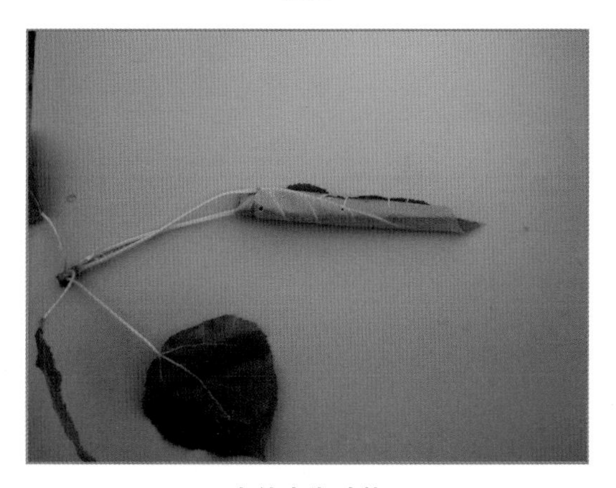

小幼虫卷叶状

幼虫卷叶状

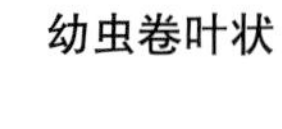

卷叶中幼虫

被害状

25 杨小卷叶蛾 *Gypsonoma minutara* Hübner

杨小卷叶蛾属鳞翅目，小卷叶蛾科。是为害杨树较为严重的卷叶害虫。叶片受害后逐渐变黄、早落，枝条干枯，影响林木生长。

分布：

锦州、鞍山、沈阳、铁岭、抚顺、大连、阜新；东北、华北、华东、西北；欧洲、北非；俄罗斯、印度、日本。

寄主：

杨、柳。

形态特征：

成虫：体小型，体长5mm，翅展13mm。下唇须前伸，稍向上举，末节短，末端钝。触角丝状。前翅狭长，茶褐色，翅面有黑褐色和灰白色波状纹和斑点，翅基有1条较宽的灰白色波状横带，后翅灰褐色，缘毛灰色。

卵：长约0.3mm，圆球形，水色。

幼虫：老熟幼虫体长16mm，灰白色。头部淡褐色。前胸背板褐色，两侧下缘各有2个黑点。胸足灰黑色。体节上毛片褐色，两侧有2个黑点，腹部第5节背面透过皮可见2个椭圆形褐色斑。

蛹：体长6mm，褐色。

发生与为害：

1年发生2代，以幼虫在树皮缝中或地面落叶层中结茧越冬。翌年4月上旬开始取食，4月下旬化蛹，5月初至6月上旬羽化成虫，成虫有趋光性，卵产在叶面，单粒散产，幼虫孵化后，吐丝将1~2片叶粘在一起在其中取食，呈罗网状，大幼虫将几片叶连缀在一起形成1片缀叶。幼虫极为活跃，受惊即弹跳逃脱。老熟幼虫在被害缀叶内做白茧化蛹。第2代成虫发生在7月中旬至9月，幼虫为害到10月下旬，做茧越冬。

防治方法：

1. 人工扑杀：小树、矮树人工摘除虫卷叶。

2. 施药防治：幼虫发生期喷洒 48% 催杀（多杀菌素）悬浮剂 1 000 倍液、1% 苦参碱可溶液剂 2 000 倍液、5% 氟虫脲乳油 2 000 倍液、10% 烟碱乳油 3 000 倍液、80% 敌百虫晶体 1 000 倍液、50% 敌马合剂乳油 800 倍液、20% 高氯菊酯乳油 3 000 倍液。

3. 灯光诱杀：成虫羽化期在 5 月中旬和 6 月上旬，用黑光杀虫灯诱杀成虫。

雌成虫

雄成虫

老熟幼虫

小幼虫

缀叶

被害状

26 棉大卷叶野螟 *Sylepta derogata* Fabricius

属鳞翅目，螟蛾科。别名棉卷叶野螟。幼虫吐丝缀叶为害，盛发时整株布满虫包，严重发生时吃光全部叶片，影响树木生长。

分布：

锦州、葫芦岛、朝阳、大连、铁岭、抚顺、营口、沈阳、鞍山、本溪；东北、华北、华中、华东、华南、西南等；印度；东亚、东南亚；非洲、南美洲。

寄主：

杨及棉花、木槿、苹果、女贞等。

形态特征：

成虫：体长10~15mm，翅展22~30mm，体翅浅黄白色，有光泽。胸背有12个棕黑色小点，排成4行。前翅有横向5条深褐色波状纹，外缘线有似“K”字形褐色斑，缘毛淡黄色。后翅中室端有细长褐色环，外横线曲折，外缘和亚外缘线波纹状，缘毛淡黄色。雄蛾色深，尾端基部有1条黑色横纹，雌蛾色浅，黑色横纹则在第8腹节的后缘。

卵：扁椭圆形，长0.12mm，宽0.09mm，初产乳白色，后变浅绿色。

幼虫：老熟幼虫体长约26mm，青绿色，有闪光。头黑褐色，圆筒形，腹部前缘有黄褐色带。老熟时桃红色，全身具稀疏长毛，胸足、臀足黑色，腹足半透明。

蛹：体长约 14mm，深褐色，尾端臀棘 4 对，呈钩状，中央 1 对最长。

发生与为害：

1 年发生 3 代，以老熟幼虫在树皮缝、杂草丛中、枯枝落叶结茧化蛹越冬，翌年 5 月羽化成虫，有强趋光性，雌蛾将卵产在叶背面，以叶脉边缘为多，卵粒数量不等，卵期约 4 天。初孵幼虫食叶肉，留下表皮，幼虫较活跃，3 龄幼虫分散为害，有转移为害习性。幼虫吐丝常将叶卷成筒状，在其内取食，排粪和化蛹均在筒内，造成叶片残缺不全，5—9 月幼虫为害期，幼虫共 6 龄。蛹期约 7 天，10 月下旬越冬。

防治方法：

1. 经营管理：及时清除林间杂草和枯枝落叶，集中深埋或烧毁。

2. 灯光诱杀：成虫有趋光性，成虫发生期夜间用灯光诱杀成虫。

3. 施药防治：幼虫期喷洒 1.2% 苦烟乳油 1 000 倍液，初孵幼虫喷洒 25% 灭幼脲 3 号悬浮剂 2 000 倍液、24% 米满悬浮剂 2 000 倍液、50% 杀螟腈乳油 1 000 倍液、48% 乐斯本（毒死蜱）乳油 1 500 倍液、敌百虫 90% 晶体 1 000 倍液。产卵盛期至卵孵化盛期喷洒 25% 喹硫磷（爱卡士）乳油或 50% 辛硫磷乳油、亚胺硫磷、磷胺、甲奈威等常用浓度均有效。

4. 保护利用天敌：该虫天敌有寄生于幼虫体内的螟蛉绒茧蜂，扑食天敌螳螂、草蛉、蜘蛛等。对该虫发生均有一定的抑制作用。

雌成虫

雄成虫

休伏成虫

卷叶幼虫

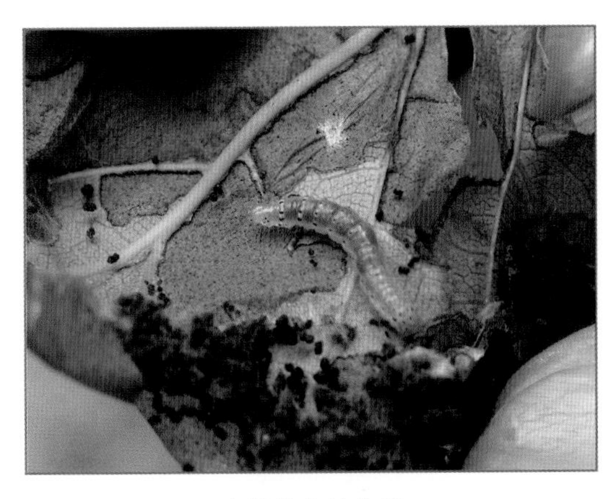

老熟幼虫被害状

蛹

27 梨卷叶象 *Byctiscus betulae* Linnaeus

梨卷叶象属鞘翅目，卷象科。又名杨卷叶象。主要为害杨树及梨、山楂、苹果等新芽、嫩叶。当杨树展叶后，成虫先咬伤叶柄，后卷叶在其中产卵，幼虫孵化后，在卷叶中取食，被害卷叶逐渐干枯落地，对幼树生长影响较大。

分布：

江西；东北、华北、西北；土耳其、叙利亚；欧洲。

寄主：

杨及梨、苹果、桦。

形态特征：

成虫：体长 9mm，体两型，有青蓝型、豆绿型，都具光泽。体被稀疏短绒毛。头向前延伸呈象鼻状，头管短粗，复眼较大，触角黑色，棍棒状。前胸背板侧缘呈球状隆起。鞘翅长方形，侧缘肩后微凹入。雄成虫前胸两侧各具 1 个尖锐向前的刺突。

卵：长约 1.1mm，椭圆形，乳白色，半透明。

幼虫：老熟幼虫体长 7~8mm，头棕褐色，体乳白色，微弯曲，多皱褶。

蛹：椭圆形，长 8mm，黄白色，羽化前灰褐色。

发生与为害：

1 年发生 1 代，以成虫在地被物或表土中越冬，翌年 4 月下旬开始活动。为害嫩芽和嫩叶，补充营养后雌虫在产卵前先选择把叶柄或嫩枝咬伤，使叶萎蔫，雌成虫开始将其中 1 叶卷叶，在最初卷叶中产 3~4 粒卵，再将其他叶层层卷起，在每片卷叶处用黏液粘连呈雪茄状。孵化后幼虫在卷叶中取食，随叶逐渐干枯变黑从树上脱落，老熟幼虫钻出入地化蛹。8 月羽化成虫，上树啃食叶肉补充营养，9 月下旬下树越冬。成虫卷叶取食为害，严重为害影响树木生长。

防治方法：

1. 人工扑杀成虫：利用成虫有假死习性，成虫期清晨、傍晚振动枝干，扑杀落地成虫。
2. 人工清除幼虫：低矮小树可人工及时摘除卷叶，捡除落地卷叶，集中烧毁。
3. 施药防治：成虫发生期喷洒 1.8% 阿维菌素乳油 4 000 倍液、20% 阿波罗（螨死净）胶悬剂 3 000 倍液、50% 马拉硫磷乳油 1 000 倍液、40% 杀螟松乳油 1 000 倍液、90% 敌百虫晶体 1 000 倍液、20% 甲氰菊酯（灭扫利）乳油 2 000 倍液。
4. 经营防治：秋末早春，清除林地落叶、杂草，集中烧毁或耕翻，破坏越冬场所。

成虫（蓝型）

成虫（绿型）

卵

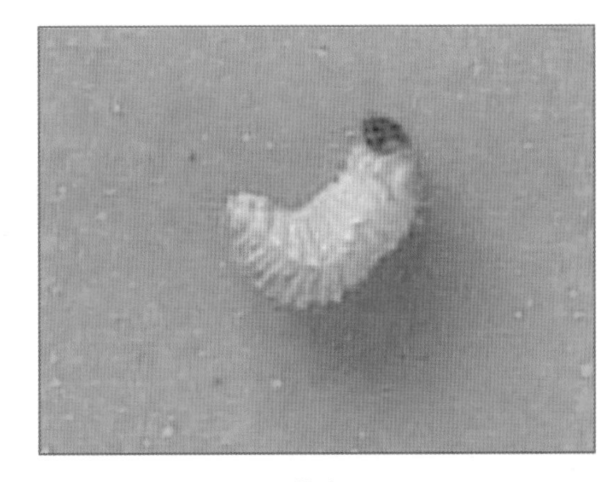
幼虫

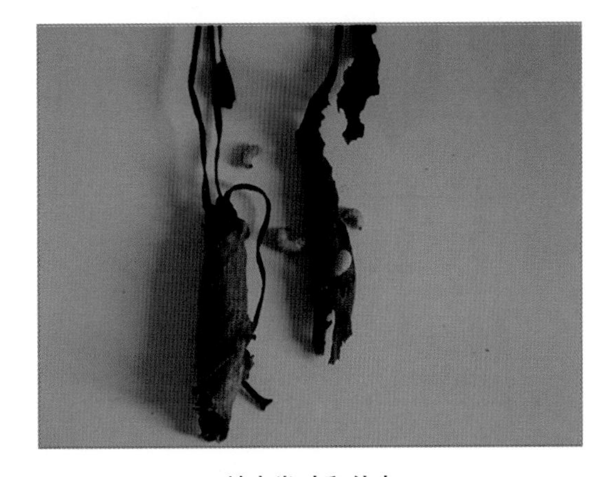
被害卷叶和幼虫

被害状

28 杨卷叶野螟 *Botyodes diniasalis* Walker

杨卷叶野螟属鳞翅目，螟蛾科。别名黄翅缀叶野螟。幼虫为害树木嫩梢、叶片，吐少量丝将叶片卷缀，受害叶被连成饺子状或筒状，藏在其内取食。发生严重时常把树叶吃光，形成秃梢，影响树木生长。

分布：

辽宁、黑龙江、吉林、北京、河北、河南、陕西、宁夏、山西、山东、江苏、安徽、上海、台湾、广东；日本、印度、缅甸；朝鲜半岛。

寄主：

杨、柳。

形态特征：

成虫：体长 11~13mm，翅展 28~30mm，金黄色。头部褐色，两侧有白色条。下唇须伸出长，如鸟喙。触角细长淡褐色。胸、腹部背面淡黄褐色。翅黄色，前翅亚基线不明显，内横线穿过中室，中室中央有 1 个小斑点，斑点下侧有 1 条斜线伸向翅内缘，中室端脉有 1 块暗褐色肾形斑及 1 条白色新月形纹，外横线暗褐色波状，亚缘线波状，外缘有褐色宽带。后翅有 1 块暗色中室端斑，中央有 1 条横波状纹，内侧有 1 块黑斑，外侧有 1 条短线，有外横线和亚缘线，外缘具褐色宽带。雄成虫腹末有 1 束黑毛。

卵：扁圆形，长 0.5mm，乳白色，呈鱼鳞状排列，条状或块状。

幼虫：老熟幼虫体长 22mm，黄绿色。头部淡色，头部两侧近后缘有 1 个黑褐色斑点，胸部两侧各有 1 条黑褐色纵纹。体沿气门两侧各有 1 条浅黄色纵带，节间膜明显。

蛹：体长 15mm，淡黄褐色，外被一层白色丝茧。

发生与为害：

1 年发生 2 代，以幼虫在枯枝落叶和树皮缝结茧越冬，翌年 4 月初开始活动为害，5 月中旬化蛹，6 月上旬羽化成虫，成虫白天多隐藏于其他的作物或灌木丛中，夜晚活动，趋光性极强。卵产于叶背面，以中脉两侧最多，呈块状或长条形。每块有卵 50~190 粒。

初孵幼虫有群集性，喜群居啃食叶肉，3 龄后分散吐丝缀叶呈饺子状或在叶缘吐丝折叠，在其中取食为害，幼虫极活跃，遇惊扰即弹跳逃跑或吐丝下垂。老熟后在叶卷内结薄茧化蛹。第 2 代 8 月幼虫为害最严重。大幼虫群集在顶梢吐丝缀叶取食，造成秃顶。10 月底幼虫进入越冬期。

防治方法：

1. 人工清理：秋末、早春及时清理枯枝落叶，集中烧毁。

2. 施药防治：卵孵化期喷洒 48% 催杀（卡死特、多杀菌素）悬浮剂 1 000 倍液、1.2% 烟参碱乳油 2 000 倍液、25% 高渗苯氧威可湿性粉剂 2 500 倍液、90% 敌百虫晶体 1 500 倍液、50% 辛硫磷乳油 800~1 000 倍液。发生严重时，喷洒 2.5% 三氟氯氰菊酯（功夫）乳油 4 000 倍液、80% 敌敌畏乳油 2 000 倍液、40% 乐果乳油 2 000 倍液。可连用 1~2 次，间隔 7~10 天。

3. 灯光诱杀：利用成虫的趋光性，夜间用黑光灯诱杀。

4. 参照防治棉大卷叶螟。

雄成虫

老熟幼虫

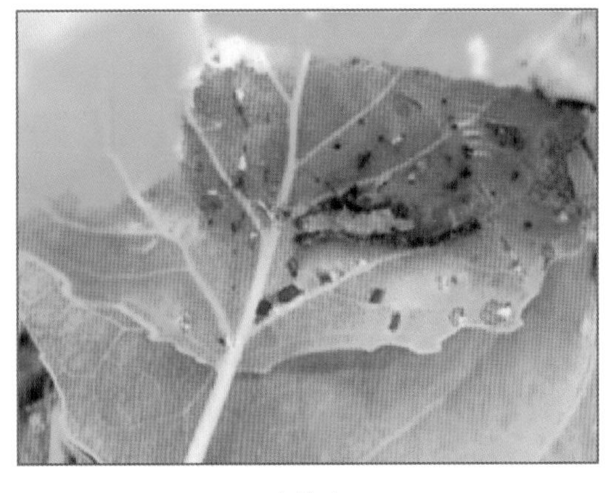

小幼虫

幼虫

卷叶状被害状

29 杨银潜叶蛾 *Phyllocnitis saligna* Zeller

杨银潜叶蛾属鳞翅目，潜蛾科。是常见杨树苗木和幼树叶部重要食叶害虫。幼虫在叶肉内潜食，叶面出现潜道斑，形成整个叶片布满弯曲的潜道痕，受害严重时几乎整株叶片无一完整，造成全株枯黄破裂，常引起提早落叶。

分布：

东北、华北、西北、华东。

寄主：

杨、柳。

形态特征：

成虫：体长3.5mm，翅展6~8mm，体纤细，银白色。前翅中央有2条褐色纵纹，其间呈金黄色，上面纵纹的外方有1条出自前缘的短纹，下面纵纹的末端有1条向前弯曲的弧形纹，在前缘角的内方有2条斜纹，在外侧斜纹的下方有1块三角形的黑色斑纹，其内方呈金黄色，并由此向外发出放射状的缘毛。后翅窄长，先端尖细，缘毛细长，灰白色。

卵：扁椭圆形，灰白色，长0.3mm。

幼虫：老熟幼虫体长6mm左右，浅黄色。足退化，头及胸部扁平，体节明显，中胸和腹部第3节最大，腹部末端分成两叉。

蛹：体长 4mm，淡褐色，头顶有 1 个向后方弯曲的小钩，钩两侧各有 1 个突起。

发生与为害：

1 年发生 4 代，以成虫在地被物和蛹在被害叶上越冬。早春芽刚萌发时，成虫交尾产卵，初孵幼虫潜入叶内取食叶肉，蛀道形成蜿蜒潜痕银白色，老熟幼虫在隧道末端吐丝，将叶向内折褶内化蛹。往往一片叶上布满蜿蜒潜痕，发生严重时几乎无全叶，对幼树为害较重。

防治方法：

1. 施药防治成虫：成虫期喷洒 50% 杀螟松乳油 1 000 倍液、2.5% 敌杀死乳油 4 000 倍液、50% 马拉硫磷乳油 1 000 倍液。

2. 施药防治幼虫：幼虫期喷洒 1.8% 阿维菌素乳油 2 000 倍液、1.2 % 烟参碱乳油 2 000 倍液、25% 高渗苯氧威可湿性粉剂 2 500 倍液、20% 氯氰菊酯乳油 3 000 倍液、40% 氧化乐果乳油 1 000 倍液、50% 辛硫磷乳油 1 000 倍液、50% 吡虫啉可溶液剂 2 000 倍液。

3. 人工防治：苗圃可人工摘除有虫潜痕被害叶，深埋或烧毁。秋末搂出地面枯枝落叶，集中销毁。

4. 灯光诱杀：利用成虫具有趋光特性的特点，可在 4 月底前架设黑光灯实施诱杀。

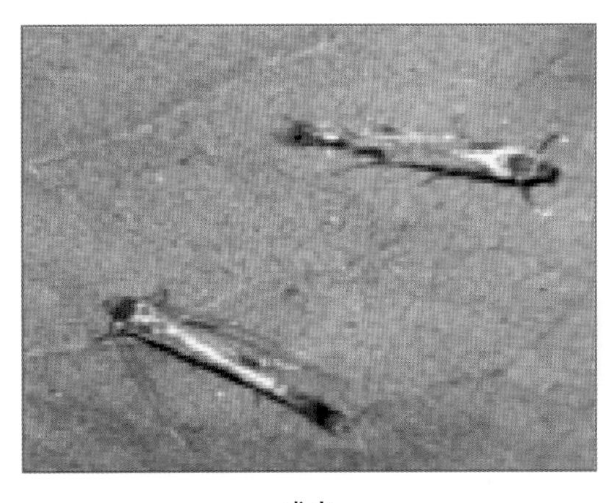

成虫

成虫前后翅特征

幼虫

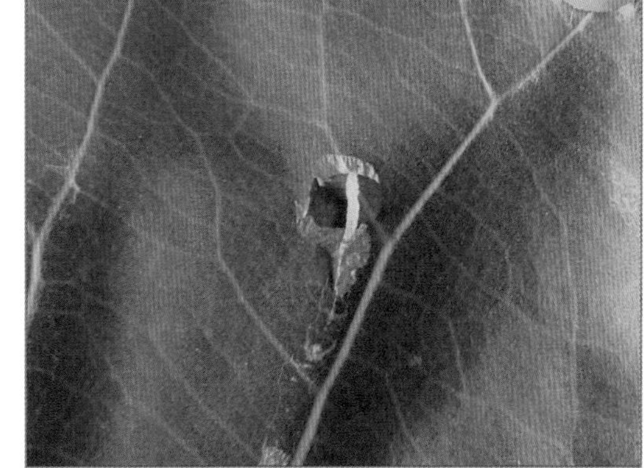

潜叶内幼虫

幼虫潜痕

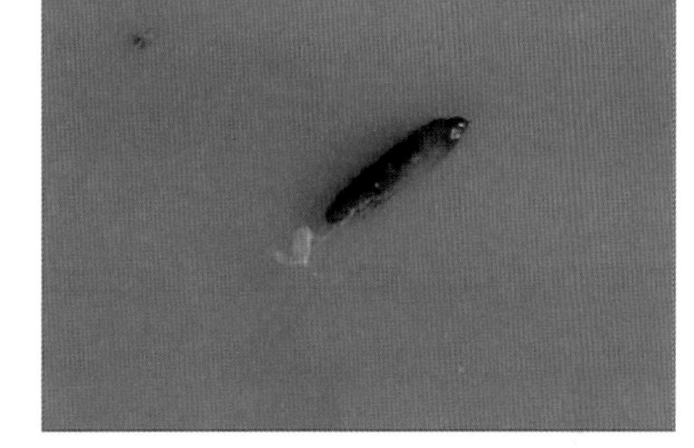

蛹

被害状

30 杨白潜叶蛾 *Leucoptera susinella* Herrich-Shaffer

杨白潜叶蛾属鳞翅目，潜蛾科，是杨树的主要叶部害虫之一。以幼虫潜食叶片，叶片被潜食处形成中空的大黑斑，焦枯，严重时满树枯叶，提前脱落。 常发生在苗圃中，苗木、幼树受害严重，对生长影响很大。

分布：

辽宁、黑龙江、吉林、河北、内蒙古、山东、河南；俄罗斯、日本；西欧。

寄主：

杨。

形态特征：

成虫：体长 3~4mm，翅展 8~9mm，胸、腹面及足银白色。头部银白色，上有 1 束白毛束。触角银白色，其基部形成大的“眼罩”。复眼黑色，近半球形，常为触角节的鳞毛覆盖。前翅雪白色，有光泽，前翅前缘 1/2 处有伸向后缘的波状斜带，带中央黄色，后缘角有 1 条近三角形斑纹，缘毛前半部褐色，后半部银白色。后翅披针形，银白色，缘毛极长。腹部圆筒形。

卵：扁圆形，长 0.3mm，灰色，表面具网眼状刻纹。孵化前暗灰色。

幼虫：老熟幼虫体长 6.5mm，黄白色，体扁平。头部窄，口器伸向前方突出。前胸扁平，体节明显，腹部第 3 节最大。胸足细小。

蛹：梭形，长 3mm，浅黄色，藏于白色丝茧内。

发生与为害：

1 年发生 3 代，以蛹茧在被害叶上或树皮缝中越冬，翌年 5 月中旬开始羽化出成虫，成虫有趋光性，卵一般产在不老不嫩的叶正面，贴近主脉或侧脉，与叶脉平行排列成块状或条状，每块卵 5~15 粒，卵粒很小，一般肉眼不易发现。每头雌虫产卵量最少 23 粒，最多 74 粒。幼虫孵化后从卵壳底部蛀入叶内取食叶肉，蛀食成隧道，幼虫不能穿过主脉，老熟幼虫可以穿过侧脉取食，虫斑内充满粪便，因而呈黑色，一片叶往往多头幼虫为害，蛀道相连通成大片棕色潜痕，致使整个叶片焦枯。幼虫老熟后从叶片正面咬孔而出，生长季节多在叶背吐丝结“H”形白色茧化蛹，茧大多分布在叶、树皮缝等处。越冬茧以树干上、树皮裂缝中为多，生长季节多在叶背面。幼虫为害叶形成大的黑色虫斑。常造成提前落叶，对幼树生长影响较大。

防治方法：

1. 经营防治：秋末将枯枝落叶彻底清除集中烧毁。
2. 人工除虫：苗圃可人工摘除虫叶，集中深埋或烧毁。
3. 施药防治：成虫产卵期、幼虫期喷洒5%氟虫脲（卡死特）悬浮剂1 000~2 000倍液、50%吡虫啉可溶液剂1 000倍液、50%杀螟松乳油1 000倍液、80%敌敌畏乳油1 500~2 000倍液、40%氧化乐果乳油1 000倍液、50%辛硫磷乳油800倍液、2.5%敌杀死乳油4 000倍液。
4. 灯光诱杀：成虫期，夜间林地设黑光灯诱杀成虫。

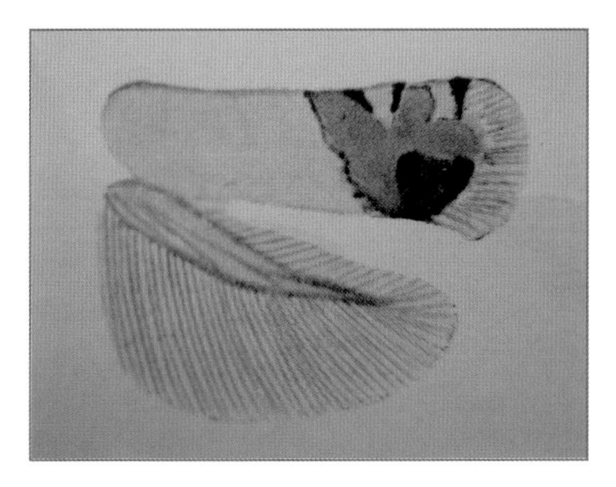

成虫的前、后翅

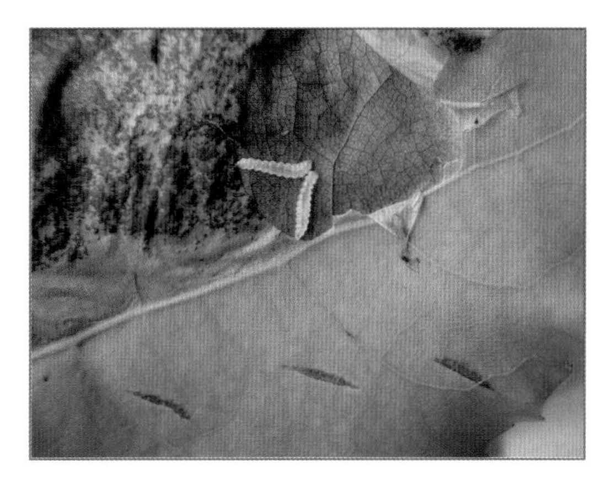

幼虫

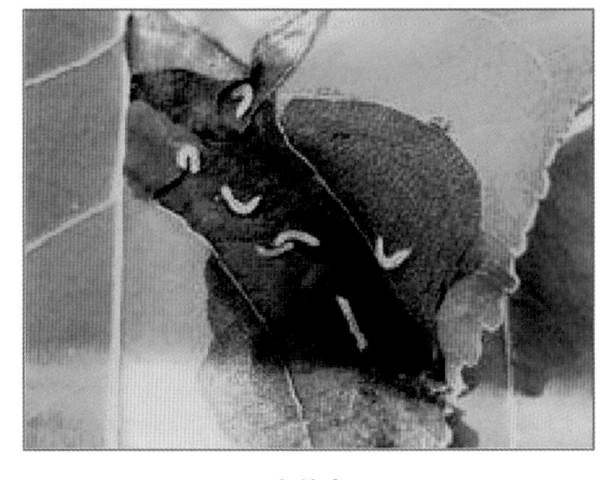

小幼虫

茧、蛹

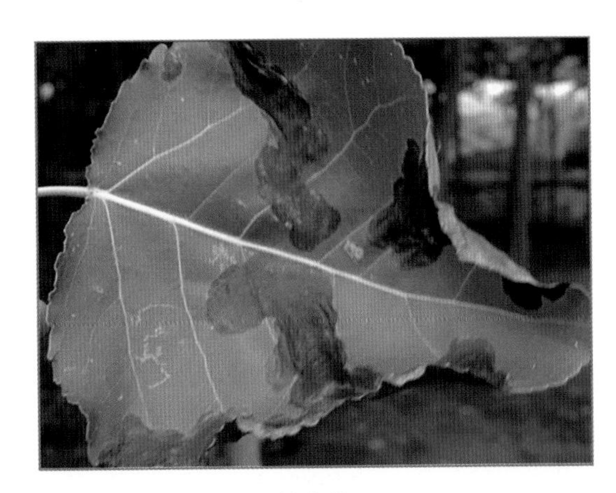

被害状

31 柳蛎盾蚧 *Lepidosaphes salicina* Borchs

柳蛎盾蚧属同翅目，盾蚧科。若虫和雌虫刺吸枝干树液，引起枝、干枯萎和畸形。连年被害后，树势衰弱，可致幼林成片枯死。

分布：

山东、云南；东北、华北、西北。

寄主：

杨、柳及核桃、白蜡、黄檗、枣、榆、蔷薇、忍冬、卫矛等。

形态特征：

成虫：雌成虫蚧壳，牡蛎形，长3.2~4.3mm，前尖后宽，背部凸起，栗褐色，边缘灰白色，上被灰色蜡粉。雌成虫体长1.3~2.0mm，纺锤形，黄白色，前狭后宽。触角短，具2根长毛。复眼、足均消失，无翅，口器为丝状口针，臀板黄色。雄成虫蚧壳，牡蛎形，雄蚧壳狭长为“I”形，较雌壳稍小，长1.2mm。雄成虫体长约为1mm，形如蚊，黄白色，复眼膨大，口器退化。触角10节，念珠状，淡黄色。有1对膜质翅，翅脉简单，翅展1.3mm，淡紫色。后翅退化成平衡棍。胸部淡黄褐色。腹部末端有长形的交尾器。

卵：乳白色，椭圆形，长0.25mm。

若虫：体扁平，椭圆形，淡褐色。口器发达，有单眼。若虫脱皮2次，1龄若虫，扁平，宽 0.15~0.18mm。1 对触角 6 节，柄节较粗，末节细长并生长毛，具 3 对胸足，腹末有 2 根丝线。体背附着 1 层白色丝状物。2 龄若虫体纺锤形，长 0.30~0.36mm。触角、足均消失，体表分泌蜡质，并与蜕的皮形成深黄色蚧壳。

蛹：雄蛹长约 1mm。黄白色，口器消失，蛹面具成虫器官的雏形。

发生与为害：

1 年发生 1 代，以卵在雌成虫蚧壳下越冬。翌年 5 月中旬卵孵化，6 月上旬为孵化盛期。若虫孵化后从母蚧壳尾端爬出，行动非常活跃，常沿树干枝条爬行，选择适宜场所固定，则多寄生在树干北面或背风面。6 月中旬初孵若虫均已固定于枝干上，刺吸枝干树液，逐渐形成蚧壳。初孵若虫活动有向上的趋性。在林内若虫多布满整个树干。7 月上旬出现雌成虫，雄成虫 7 月上中旬羽化，羽化后以蚧壳后端爬出，常在雌蚧壳上爬行，寻找交尾机会。雄成虫飞翔能力不强。雌若虫要经过两次蜕皮，雌成虫 8 月初产卵。产卵期约 50 天，产卵量一般 90~100 粒，卵当年不孵化即在雌虫蚧壳内越冬。以若虫、雌成虫刺吸树液为害，发生数量较大时，造成被害树木树势衰弱、幼树枯死。

防治方法：

1. 严格检疫检查：进行严格检查，清除严重带虫树木集中烧毁，防止人为调运传播。
2. 人工防治：结合树木修剪，剪除被害严重的虫枝，并及时处理销毁。
3. 施药防治：5 月中旬至 6 月中旬若虫孵化期，在若虫的外壳没有充分的蜡质化，打药防治效果最佳。喷洒 20% 螨死净（阿波罗）胶悬浮剂 1 000 倍液、50% 杀螟松乳油 600~800 倍液，加入 1kg 柴油；40% 氧化乐果乳油 1 000 倍液，加入 1kg 柴油；10% 吡虫啉可湿性粉剂 2 000 倍液。每隔 7~10 天喷洒枝干 1 次。
4. 涂药防治：6 月中旬至 7 月上旬，在树干 2.5m 处用 40% 氧化乐果乳油 10 倍液、20% 吡虫啉（康福多）可溶液剂 10 倍液、50% 辛硫磷乳油 10 倍液，用毛刷涂宽 10cm 药环。
5. 保护天敌：保护和利用瓢虫、草蛉、寄生蜂等天敌，有较好的控制作用。

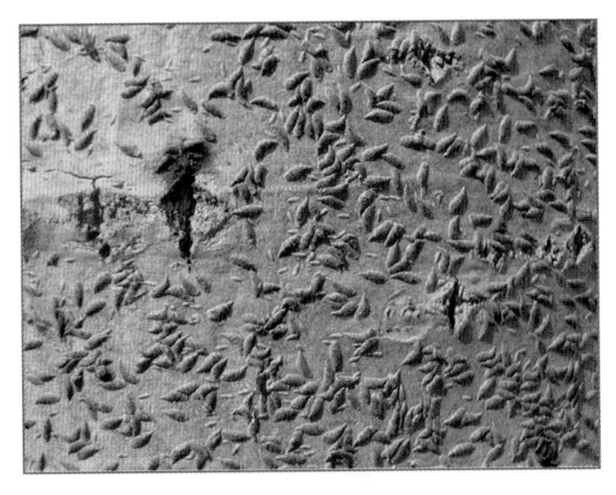

1 龄若虫蚧壳

2 龄若虫蚧壳

被害状

被害状

32 黄刺蛾 *Cnidocampa flavescens* (Walker)

黄刺蛾属鳞翅目，刺蛾科。幼虫体上有毒毛，易引起人的皮肤痛痒。又名痒辣子、刺儿老虎、毒毛虫等。以幼虫取食叶片，可将叶片吃成很多孔洞、缺刻或仅留叶柄、主脉，大发生时将树叶全部吃光，影响树木生长和果树结实。

分布：

中国、日本、朝鲜、俄罗斯（西伯利亚）。

寄主：

杨、柳及梨、苹果、杏、山楂、榆、榛、核桃、栎、槭、桑、枫杨数十种植物。

形态特征：

成虫：雌蛾体长 15~17mm，翅展 35~39mm，雄蛾体长 13~15mm，翅展 30~32mm，橙黄色。头小，复眼球形黑色，触角丝状，棕褐色。前翅黄褐色，从顶角到后缘有呈“V”字形 2 条褐色斜线，前面斜线内侧黄色，外侧褐色，并具 2 个褐色斑点。后翅灰黄色。

卵：长 1.4~1.5mm，扁椭圆形，一端较尖，淡黄色，卵壳上有龟状纹。

幼虫：老熟幼虫体长 19~25mm，粗大，近长方形，黄绿色。头小，黄褐色，隐藏在前胸下方，体背有前后宽、中间窄鞋底状大紫褐色斑，前胸背有 1 对黑斑，从第 2 胸节开始，每节是 4 个枝刺，其中以第 3、4 和 10 节上的较大，每个枝刺上生有许多黑色刺毛。3 对胸足短小，不明显，腹足退化，只有在 1~7 腹节腹面中央各有 1 个扁圆形吸盘。体侧有 2 条蓝色纵纹。

蛹：长 13~15mm，椭圆形，淡黄褐色。头胸背面黄色。茧椭圆形，质坚硬，黑褐色，上有灰白色不规则条纹。形极像雀卵。

发生与为害：

1 年发生 1 代，以老熟幼虫结茧在树杈、枝条上越冬，翌年 6 月在茧内化蛹，7 月下旬至 8 月中下旬羽化成虫，成虫有趋光性。卵产在叶背，卵数粒在一起，每雌成虫产卵 49~67 粒。初孵幼虫先食卵壳，然后群集在叶片背面取食叶下表皮和叶肉，剩下上表皮，形成圆形透明小斑，之后小斑连接成块，使叶片呈筛网状。大龄幼虫能爬行扩散为害，4 龄时取食叶片形成孔洞；5、6 龄幼虫直接蚕食叶片，严重时叶片被吃光，只剩下叶柄及叶脉。幼虫 8—9 月为害盛期，9 月下旬做茧。大发生时将树叶全部吃光，影响树木生长。

防治方法：

1. 人工防治：初冬、早春结合修剪，剪除虫茧；低龄幼虫群聚为害时，人工摘除虫叶集中深埋。

2. 施药防治：幼虫发生期喷洒 1.8% 阿维菌素乳油 2 000 倍液、48% 催杀（卡死特、多杀菌素）悬浮剂 1 000 倍液、50% 杀螟松乳油、20% 灭扫利乳油 1 000 倍液、50% 敌马乳油 1 000 倍液、40% 扑杀磷乳油 2 000 倍液。

3. 灯光诱杀：成虫期夜间可用黑灯光诱杀。

雄成虫

雌成虫

休伏成虫

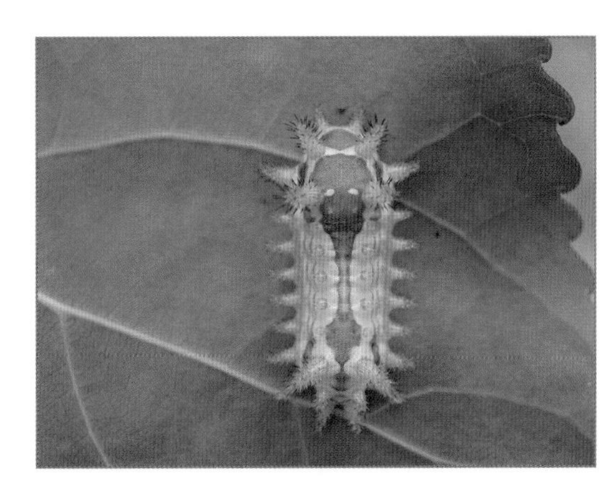

幼虫

小幼虫－群集取食

虫茧

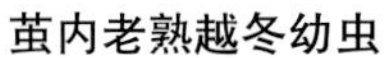

茧内老熟越冬幼虫

蛹

被害状

33 褐边绿刺蛾 *Latoia consocia* Walker

褐边绿刺蛾属鳞翅目，刺蛾科。别名青刺蛾、褐缘绿刺蛾、四点刺蛾、曲纹绿刺蛾、洋辣子 。幼虫取食叶片，低龄幼虫取食叶肉，仅留表皮，老龄时将叶片吃成孔洞或缺刻，有时仅留叶柄，严重为害影响树木生长。

分布：

几乎遍布全国。

寄主：

杨、柳及苹果、李、梨、桃、枣、栗、山楂、核桃、枫杨、桑、榆、悬铃木、桑、白蜡、刺槐等。

形态特征：

成虫：雌蛾体长 15.5~17mm，翅展 36~40mm，雄蛾体长 12.5~15mm，翅展 28~36mm。头部、胸背、前翅绿色。复眼黑色，触角棕色，雄蛾栉齿状，雌蛾丝状。胸背中央有 1 条棕色纵线，前翅基部有褐色斑纹，此斑有 2 处凸出，前翅外缘边有 1 条黄色宽带，后翅和腹部灰黄色。

卵：扁椭圆形，长 1.5mm，初产时乳白色，渐变为黄绿至淡黄色，数粒排列成块状。

幼虫：老熟幼虫体长 24~27mm，近方形，黄绿色，头小，体粗壮，背有 1 条淡绿色纵带，两侧有深蓝色小点，中胸至腹部每节有 4 个横列瘤状枝刺，上生黄色刺毛束。腹末有 4 个蓝黑色刺毛丛呈球状。腹面浅绿色。胸足小，无腹足，第 1~7 节腹面中部各有 1 个扁圆形吸盘。

蛹：卵圆形，长 15~17mm。棕褐色，茧近圆筒形，暗褐色似树皮，似羊粪状。

发生与为害：

1 年发生 1 代，以前蛹在茧内越冬，结茧场所在干基、枝干上或浅土层中。翌年 5 月中下旬开始化蛹，6 月中旬至 7 月中旬为成虫发生期，成虫昼伏夜出，有趋光性，每雌蛾产卵 150 余粒，卵数 10 粒成块鱼鳞状排列，多产于叶背主脉附近，卵期 7 天左右。6 月下旬开始孵化，初龄幼虫群栖为害，取食叶肉，仅留下表皮，呈网状，可使叶片透明。4 龄后渐分散，取食叶片，造成缺刻和孔洞，6 龄以后多从叶缘向内蚕食，严重时，能将叶片吃尽，仅剩叶脉。幼虫共 8 龄，少数 9 龄，幼虫发生期 6 月下旬至 9 月，8 月为害最重，9 月下旬至 10 月上旬老熟幼虫在枝干上或树干基部周围的土中结茧越冬。

防治方法：

1. 人工防治：初冬、早春结合修剪，翻土清除枝干上或树干基部周围的土中虫茧。低龄幼虫群聚为害时摘除虫叶集中深埋。

2. 施药防治：幼虫发生期用 1.8% 阿维菌素乳油 2 000 倍液、48% 卡死特（催杀）悬浮剂 1 000 倍液、40% 扑杀磷乳油 2 000 倍液、90% 晶体敌百虫或 80% 敌敌畏乳油、50% 杀螟松乳油、20% 灭扫利乳油 1 000 倍液、50% 马拉硫磷乳油 1 000 倍液树冠喷雾。

3. 灯光诱杀：成虫期夜间可用黑灯光诱杀。

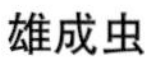

雄成虫

雌成虫

小幼虫

幼虫

老熟幼虫

茧

被害状

34 杨黄星象 *Lepyrus japonicus* Roelofs

杨黄星象属鞘翅目，象甲科。别名杨波纹象。成虫取食叶片，幼虫为害插条苗和定植苗的根部，先为害须根，然后啃食韧皮部，可将韧皮部啃食光，致使整株苗木枯死。

分布：

东北、内蒙古、北京、河北、山西、陕西、山东、安徽、江苏、浙江、湖北、福建；俄罗斯、日本、朝鲜。

寄主：

杨、柳。

形态特征：

成虫：体长9~13mm，体棱形，黑色，密被灰褐色细鳞片。头部及头管长4~6mm。延伸稍向下弯曲，呈象鼻状，中央有一纵痕细隆线。触角膝状，着生在喙前端1/5处，触角沟达到眼的下面，柄节直，端部略宽，索节1短于2，其他节宽大于长。前胸背板向前缩窄，两侧外缘圆，前胸背板两侧各有1条灰白色斜纹延长到肩。翅瘤明显，鞘翅后端各有1个灰黄色“V”字形斑纹。雌虫的虫体较大，雄虫的虫体稍小。

卵：长椭圆形，长1.5mm，初产时乳白色，后颜色变深。

幼虫：老熟幼虫体长 10~12mm，乳白色。头部为黄褐色，身体弯曲成“C”字形，无足，肥壮而多横皱纹。

蛹：体长 12mm，椭圆形，乳白色。复眼灰色，头管垂于前胸，触角斜置于前足腿节末端。

发生与为害：

1 年发生 1 代，以成虫、幼虫在根部土中越冬，越冬成虫 4 月中旬出土活动，越冬幼虫继续为害。成虫补充营养，常群聚在苗根处，取食嫩芽、叶片。5 月上旬成虫开始交配产卵，一头雌成虫产卵量 50~70 粒，将卵产于表土层中。单粒散产，每天可产卵 10 粒左右，卵期 8~10 天，5 月中旬卵孵化，幼虫在土中为害，幼虫啃食树苗的嫩根，当插条根皮被啃食一周时，苗木死亡。幼虫期约 1 个月，7 月中旬化蛹，8 月上旬新成虫羽化，成虫白天多躲藏在土块或落叶下面，傍晚或夜间取食叶片，有假死性，受惊扰即落地不动，可做短距离飞行，9—10 月成虫、幼虫越冬。

防治方法：

1. 人工扑杀：成虫活动期，利用成虫的假死习性，在清晨、黄昏可用力振动摇晃树干，直接扑杀落地成虫。

2. 水淹：结合苗圃浇水，待成虫因水淹从土中爬出，把浮于水面上的成虫扑杀。

3. 施药防治：成虫为害期用 90% 敌百虫晶体或 50% 马拉硫磷乳油、50% 辛硫磷乳油 1 000 倍液、20% 高氯菊酯（百事达）乳油 2 000 倍液地面喷杀，或浇注苗眼防治幼虫。

4. 参照防治蒙古象、大灰象。

成虫

成虫补充营养

被害状

35 杨剑舟蛾 *Pheosia rimosa* Packard

杨剑舟蛾属鳞翅目，舟蛾科。别称白纹舟蛾。是杨树食叶害虫。近年有发生，但没有出现大面积灾害。

分布：

辽宁的西部、黑龙江、吉林、内蒙古、河北、山西、陕西、甘肃、新疆、台湾；日本、朝鲜、俄罗斯。

寄主：

杨。

形态特征：

成虫：体长 18~23mm，翅展 49~57mm，体褐色。翅白色有褐色纹，前翅基部和后缘土黄色，外缘近后缘有 1 条白色楔状纹，前缘外侧 3/4 灰黑色，中央有 1 块白色斑，缘毛灰褐色。后翅有褐色纹，前缘浅灰褐色，外缘后和后缘端处褐色，缘毛灰白色。

卵：直径 1mm，半球形，淡青色。

幼虫：老熟幼虫体长 42~43mm，灰褐色，气门上方有 1 条绿色纵带，下方有 1 条黄色纵带，臀角黑色。幼虫淡绿色。

蛹：体长 24mm，栗黑色，末端平滑，两侧各具 1 个三角形突起。

发生与为害：

1 年发生 2 代，以蛹在土中越冬。翌年 5 月下旬开始羽化，6 月中旬为羽化盛期，成虫趋光性很强，卵单产叶片上，幼虫取食叶片为害，7 月上旬在枯枝落叶层化蛹，8 月中旬羽化出成虫，8 月下旬 2 代幼虫食叶为害，9 月下旬下树在地表土中做茧化蛹越冬。在辽宁分布很广，但未发生过大面积严重为害。

防治方法：

1. 经营措施：秋末、初春耕作翻土，破坏蛹越冬场所。

2. 灯光诱杀：成虫期利用其具有较强趋光性，夜间用黑光灯进行诱杀。

3. 施药防治：产卵期、幼虫期树冠喷洒 Bt（苏云金杆菌）（每毫升含 100 亿孢子）水溶剂 800 倍液、20% 除虫脲悬浮剂 4 000 倍液、0.9% 阿维菌素（齐螨素、害极灭）乳油 1 000 倍液、90% 敌百虫晶体 1 000 倍液、2.5% 三氟氯氰菊酯（功夫）乳油 2 000 倍液、48% 多杀菌素（催杀）悬浮剂 1 000 倍液。可连用 1~2 次，间隔 7~10 天。

雄成虫

雌成虫

幼虫

36 柳沫蝉 *Aphrophora costalis* Matsumura

柳沫蝉属同翅目，沫蝉科。俗称“吹泡虫”、“泡泡虫”。主要为害柳树、杨树。以成虫、若虫用口针刺入嫩梢、嫩皮吸吮树液为害，腹部不断排出大量泡沫状的液体分泌物，形成唾状泡沫，似雨滴般落下。造成枯顶、枯梢或多头枝。遇干旱年份尤为严重。

分布：

河北、山西；东北、西北。

寄主：

柳、杨。

形态特征：

成虫：体长 7.5~10.0mm，黄褐色，密布小黑色刻点。头顶呈倒“V”字形，前缘扁，呈一弧形黑纹，中脊明显，喙管长达后足基部。复眼椭圆形，黑褐色，单眼淡红色。前胸背板两侧有赤褐色斑，前翅革质，黄褐色，中部有 1 条黑褐色斜向横带，后翅膜质。前、中足胫节有灰褐色斑，后足腿节外侧有 2 个枝刺。

卵：披针形，一头尖，弯曲，长 1.5~1.8mm，初产时淡黄色，后变深黄色。

若虫：老熟若虫体长 6.0~7.0mm，头顶圆突，复眼褐色，头、胸、腹黑褐色或黄褐色，腹侧灰色或淡黄褐色。

发生与为害：

1 年发生 1 代，以卵在枝条上越冬。翌年 4 月下旬开始孵化，5 月中旬为孵化盛期，初龄若虫在新梢基部刺吸取食，腹部不断排出大量泡沫状的液体分泌物将虫体覆盖，不断排出形成水滴下滴，如同树在“下雨”，越是晴热天，“雨量”越大。若虫发育经过 5 龄，多为害 1~3 年生枝条，6 月中旬成虫羽化，并离开泡沫，飞翔速度较快。成虫在枝条上固定取食为害，到 7 月末至 8 月初，成虫开始交尾，成虫产卵于新梢或幼苗顶梢内，凡产卵处上端枝条全部萎蔫干枯，被害枝条造成折断，新梢萎蔫。

防治方法：

1. 人工防治：秋末至初春人工剪除枯梢集中销毁。

2. 施药防治：若虫群聚期、成虫为害期喷洒 10% 吡虫啉可溶液剂 2 000 倍液、1.2 % 烟参碱乳油 2 000 倍液、25% 高渗苯氧威可湿性粉剂 2 500 倍液、48% 乐斯本（毒死蜱）乳油 2 000 倍液、50% 杀螟松乳油 500 倍液、2.5% 敌杀死乳油 4 000 倍液。

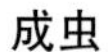

成虫

若虫

若虫及分泌泡沫

被害状

枝干被害状

大量泡沫液滴掉落—地面汪水状

37 大青叶蝉 *Cicadella viridis* (Linnaeus)

大青叶蝉属同翅目，叶蝉科，俗称大绿浮尘子、青叶跳蝉。是农林常见害虫。大青叶蝉以成虫和若虫刺吸为害多种植物的叶、茎汁液，为害造成褪色、畸形、卷缩。主要为害在 1、2 年生树枝上产卵，使其树皮干裂，造成枝条坏死或枯萎。

分布:

中国、俄罗斯、马来西亚、印度、加拿大；东北亚、欧洲。

寄主:

杨、柳及刺槐、白蜡、桧柏、苹果、梨、桑、枣及谷子、玉米、水稻、大豆、马铃薯、禾本科杂草等。

形态特征:

成虫：体长雌虫 8~9mm，淡绿色；雄虫 7~8mm，黑绿色。头部突出呈三角形，黄色，头顶两单眼之间有 1 对黑斑，复眼绿色三角形。前胸背板宽，黄色，后半部深青绿色，有绿色三角斑。小盾片淡黄绿色。前翅绿色带有青蓝色泽，前缘淡白色，四边黄色，末端透明，翅脉为青黄色，具有狭窄的淡黑色边缘。后翅半透明。后翅、腹部背面黑色，翅反面黑色，胸、腹部腹面黄绿色，足黄色。

卵：长 1.6mm，宽 0.4mm，长椭圆形，稍弯一头尖，黄白色，表面光滑。

若虫：1 龄若虫灰白微带黄绿色，复眼红色；2 龄若虫暗绿色，自 3 龄后体黄绿色。头部有 2 块黑斑，胸背、腹背两侧有 4 条褐色纵纹。老熟若虫体长 6~7mm。

发生与为害：

北方地区 1 年发生 3 代，以卵在嫩枝、树皮皮层中越冬，各代发生期 4 月中旬至 7 月中旬，6 月中旬至 8 月中旬，7 月中旬至 10 月中旬。初孵若虫常喜群聚刺吸取食汁液。在寄主叶面或嫩茎上常见 10 多个或 20 多个若虫群聚为害，偶然受惊便迅速斜行或横行，由叶面向叶背逃避，或跳跃而逃。成虫趋光性强，每头雌虫产卵 3~10 粒。夏季卵多产于芦苇、野燕麦、早熟禾、拂子茅、小麦、玉米、高粱等禾本科植物的茎秆和叶鞘上，成虫 10 月上中旬开始成群迁移到 1~2 年生树木幼嫩光滑的枝条、主干树皮上产卵，以直径 1.5~5.0cm 的枝条卵密度最大。雌成虫用产卵管刺破幼树树皮或嫩枝皮，在皮下产卵，成排 10 粒左右，形成新月形产卵痕。致使枝条伤痕累累，树皮翘开严重失水，易受冻害及烂皮病发生，尤其是经营粗放及周围荒草丛生林地，常造成大批苗木枯死，对幼树为害较大。

防治方法：

1. 施药防治：若虫期在幼林林地和周围杂草上喷洒 1.2% 苦烟乳油 1 000 倍液、50% 杀螟松乳油 1 000 倍液、20% 速灭杀丁乳油 2 000 倍液。成虫期、初孵若虫期在树干喷洒 40% 氧化乐果乳油 1 500 倍液、20% 高氯菊酯乳油 3 000 倍液、1.8% 阿维菌素乳油 2 000 倍液、20% 克百威乳油 1 000 倍液、15% 灭百可乳油 2 000 倍液、20%扑虱灵乳油 1 000 倍液。
2. 经营措施：要及时清除林内和周围杂草，改善卫生条件，避免滋生条件。
3. 灯光诱杀：在成虫期夜间利用黑光诱杀灯诱杀。
4. 人工网扑：早晨成虫、若虫不活跃，可用捕虫网在杂草中进行网扑。
5. 树干涂白：10 月上中旬成虫产卵前，在幼树枝干上涂刷石硫合剂涂白剂。

成虫

成虫交尾

卵

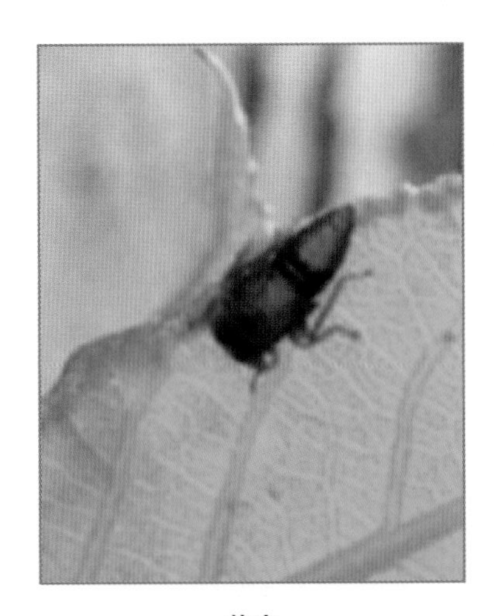

若虫

小若虫取食

产卵枝干——被害状

38 大灰象甲 *Sympiezomias velatus*（Chevrolat）

大灰象甲属鞘翅目，象甲科。又名大灰象鼻虫。是北方常见的苗木害虫，其食性极杂。取食幼苗的嫩尖和叶片，轻者把叶片食成缺刻或孔洞，重者把苗吃成光秆。幼虫先将叶片卷合并在其中取食，为害一段时间后再入土食害根部。发生严重造成缺苗断垄。

分布：

辽宁、内蒙古、北京、河北、河南、山西、陕西、湖北、安徽、重庆、贵州、广东、海南、台湾。

寄主：

杨、柳、榆、槐、核桃、板栗及高粱、棉花、玉米、甜菜、瓜类、豆类、苹果等上百种作物幼苗。

形态特征：

成虫：体长 10mm 左右，黑色，密被灰白色鳞毛。雄虫宽卵形；雌虫椭圆形。头管粗而宽，表面具 3 条纵沟，复眼黑色，触角膝状，静止时置于触角沟内。前胸背板卵形，中央有 1 条黑色纵带。鞘翅卵圆形，末端尖，鞘翅上各具 1 块类似“( )”形褐色斑，前后、两侧散布褐色云斑和 10 条刻点。雄虫胸部窄长，鞘翅末端不缢缩，钝圆锥形。雌虫腹部膨大，胸部宽短，鞘翅末端缢缩，且较尖锐。

卵：长约 1.0mm，长椭圆形，初产时乳白色，两端半透明，孵化前乳黄色。数十粒粘成块状。

幼虫：初孵时体长 1.5mm，老熟时 14.0mm，乳白色，头部米黄色。第 9 腹节末端稍扁，沿肛门孔两分。

蛹：长椭圆形，长 9.0~10.0mm，乳黄色，喙下垂至前胸，触角向后斜伸，头部、腹部背面疏生刺毛，尾端弯曲，末端两侧各具 1 个刺。

发生与为害：

2 年发生 1 代，以成虫和幼虫在土中越冬。翌年 4 月中下旬成虫出土活动，群集在苗眼处取食为害，成虫不会飞，只能爬行，且行动迟缓，5 月下旬在叶片上产卵。6 月上旬孵化。幼虫生活于土中，取食腐殖质和根须，对幼苗为害不明显。9 月下旬幼虫在土下 60~100cm 深处营土室越冬。次年化蛹，羽化为成虫，在原地越冬。成虫多在 10 时前和傍晚取食为害各种苗木嫩叶、茎，幼虫取食植物根系，对苗木和植根造林为害较大。

防治方法：

1. 人工扑杀：在成虫发生期，利用其假死性、行动迟缓、不能飞翔之特点，于 9 时前或 16 时后，先在树下铺塑料布，振落成虫收集消灭。

2. 施药防治：在成虫发生期，在树干周围地面喷洒 50% 辛硫磷乳剂 300 倍液，或喷洒 48% 毒死蜱乳油 800 倍液、40%乙酰甲胺磷乳油、50%马拉硫磷乳油、90%晶体敌百虫 1 000 倍液、40%氧化乐果乳油 1 000 倍液。施药后耙匀表土或覆土，毒杀羽化出土的成虫。

3. 施药防治：成虫发生盛期，树上喷洒 48% 毒死蜱乳油 1 000 倍液，2% 阿维菌素乳油 2 000 倍液，高氯菊酯乳油 3 000 倍液。

4. 诱饵诱杀：在受害重的田块四周挖封锁沟，沟宽、深各 40cm，内放新鲜杂草诱集成虫集中杀死。

5. 参照蒙古象甲防治。

雄成虫

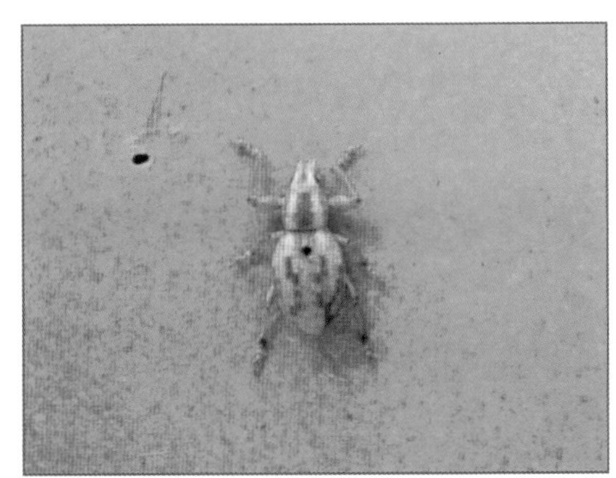

雌成虫

成虫交尾

取食被害状

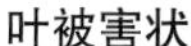
叶被害状

幼苗被害状

39 蒙古象甲 *Xylinophorus mongolicus* Faust

蒙古象甲属鞘翅目，象甲科。又名蒙古土象、蒙古象鼻虫，是常发主要苗木害虫。以成虫取食幼苗子叶、真叶、嫩茎及生长点，对苗木和植根造林为害较大，使苗木不能发育，严重时成片死苗，常常造成大面积缺苗断条，甚至毁植。

分布:

山东、江苏、四川；东北、西北、华北。

寄主:

杨、柳、刺槐、核桃、板栗、紫树槐、桑树等多种树木苗木及大豆、甜菜等，寄主植物有 89 种之多。

形态特征:

成虫：体长约 7mm，浓黑色，卵圆形，全体密被黄褐色绒毛。复眼黑色，圆形，微凸起。头管较短，触角膝状，柄节极长，末端 3 节极粗，呈棍棒状，静止时置于触角沟中。前胸宽大于长，前胸背板两侧呈球面状隆起，小盾片半圆形。鞘翅宽于前胸，肩有 1 个白斑，鞘翅表面密被黄褐色绒毛，其间杂以褐色毛块，形成不规则斑纹，并具 10 条刻点列。腿节较粗，前足胫节有 1 列钝齿。雄虫前胸背板窄长，鞘翅末端钝圆锥形，雌虫前胸背板宽短，鞘翅末端圆锥形。

卵：长 0.9mm，椭圆形，初产时乳白色，后变成黑褐色，孵化前黑色。

幼虫：老熟时体长 6.0~9.0mm，无足，粗壮，初孵黄色，后变乳白色。

蛹：长 5.0~6.0mm，椭圆形，乳黄色，复眼灰色，喙下垂，头部、腹部背面有褐色刺毛。

发生与为害：

2 年发生 1 代，以成虫、幼虫在土中越冬。翌年 4 月中旬成虫出土活动，成虫后翅退化，不能飞翔，受惊扰假死落地。5 月上旬成虫产卵，卵分散，多成块产于表土中，产卵量 80~900 粒。 5 月下旬新孵幼虫出现，在土中为害小根，9 月在土中做土室越冬。越冬幼虫翌年 6 月化蛹，7 月上旬出现成虫。晴天上午 10 时后则大量出现在地面，寻觅食物或求偶。但又怕盛夏高温，当地表晒热以后，常从土块缝隙中爬出，潜藏在枝叶茂密的植物下面。出土成虫多隐藏在苗眼周围土块缝隙和土块下面，成虫有群居性，常数头或数十头聚集苗根取食萌发芽和嫩叶、茎造成为害，因此苗未出土就常被吃光或成秃桩。成虫对苗木和植根造林为害较大，成虫为害常常造成大面积缺苗断条。

防治方法：

1. 浇灌施药：可用 20% 噻虫嗪（阿尔泰、决胜）可湿性粉剂、50% 辛硫磷乳油 800 倍、5% 氟虫晴（锐劲特）悬浮液 2 000 倍液浇灌苗眼。

2. 毒土防治：用地虫克星可湿性粉剂 0.5kg 加 10kg 沙土、3% 呋喃丹可湿性粉剂或 2% 甲基异柳磷可湿性粉剂或西维因粉剂 0.5kg 加 20~25kg 沙土制成毒土，撒在苗眼处。

3. 地面施药：幼苗拱土时，还可向苗床面或垄上喷洒 40% 氧化乐果乳油、50% 吡虫啉（康福多、高巧）、50% 辛硫磷乳油 300~500 倍液，苗吸收后，成虫取食可致死。

4. 套袋阻隔：沙壤土植根苗造林，在成虫出土前（约 4 月 15 日），采用套袋法（塑料袋底 20cm、高 25cm 左右）用橡皮套固定在苗干 10cm 下端，并用土压住袋口阻隔成虫为害，阻隔时间 4 月中旬至 5 月 10 日，在成虫为害期结束立即撤袋，避免苗木灼伤。

5. 适当灌水：苗圃插条育苗，有喷灌条件（指沙壤土）经常保持土壤湿润，有一定的控制作用。

6. 施药防治：发生密度较大时，可用 2.5% 敌杀死乳油 6 000 倍液、50% 杀螟松乳油 1 500 倍液、3% 高渗苯氧威可湿性粉剂 3 000 倍液喷洒树冠。

7. 药物拌种：苗圃播种育苗，可用 50% 甲胺磷乳油用水稀释后混拌种子（药：水：种子按 1 ： 5 ： 100 的比例）。拌匀后用草袋片或塑料布覆盖闷种子，使药液吸附，过几个小时即可播种。此法药效期长，可持续 20 天（由出苗算起）。

8. 设置诱饵：在受害重的苗圃四周挖封锁沟，沟宽、深各 40cm，内放新鲜或腐败的杂草诱集成虫集中杀死。

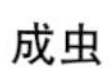

成虫

成虫交尾

被害状

被害状

套袋法

覆膜法

套袋法

覆膜法

40 黑绒鳃金龟 *Maladera orientalis* Motschulski

黑绒鳃金龟属鞘翅目，金龟科。又称天鹅绒金龟子、东方金龟子。是苗木和幼林重要的食叶害虫。2004年辽宁全省范围大发生，单株成虫最多达数十头、上百头，造成幼树芽不能抽枝，插条苗没有主梢，对苗木和植根造林为害极大。

分布：

东北、华北、华东；内蒙古、甘肃、青海、陕西、四川。

寄主：

杨、柳、榆、果树及豆类、柿、葡萄、桑及各种农作物及十字花科等40多科150多种植物。

形态特征：

成虫：体长8.0~10.0mm，卵圆形，前窄后宽，体黑褐色，密布细刻点及天鹅绒闪光短毛，外缘具稀疏刺毛。头黑、唇基具光泽，前缘上卷。触角黄褐色9~10节，棒状部3节。前胸背板短阔，小盾片盾形，鞘翅具黑绒毛和光泽，具9条刻点沟。前足胫节外侧生有2根刺，内侧1根刺，后足胫节有2个端距。腹部每腹板具毛1列，臀板三角形。

卵：椭圆形，长1.2mm，乳白色，光滑。

幼虫：统称蛴螬，老熟幼虫体长14.0~16.0mm，乳白色，体弯曲呈“C”状。头黄褐色，胸部和腹部乳白色，多皱褶，被有黄褐色细毛。有3对胸足，无腹足。肛腹片覆毛区满布略弯的刺状刚毛，刺毛列位于腹毛区后缘，呈横弧状弯曲，由14~26根锥状直刺组成，中间明显中断。

蛹：体长8.0mm，黄褐色，复眼朱红色。

发生与为害：

1年发生1代，以成虫在20~40cm深土中越冬，翌年4月中旬至5月初出土活动，先取食返青早的杂草、牧草。苗木出苗后，转到幼树幼苗上为害，先取食为害幼芽和嫩叶，甚至全部吃光。成虫多在傍晚或夜间出土活动，成虫具假死性、趋光性。为害盛期在5月初至6月中旬左右。6月为产卵期，雌虫产卵在植株根际附近深10~20cm土中，产卵量9~78粒，通常4~18粒为1堆。卵期约9天。6月中旬开始出现新一代幼虫，幼虫一般为害不大，仅取食一些植物的根和土壤中的腐殖质。

防治方法：

1. 人工扑杀：利用成虫假死习性，早晨、傍晚振动树枝干，扑杀落地成虫。
2. 灯光诱杀：利用成虫有较强的趋光性，晚间用黑光诱杀灯诱杀。
3. 施药防治：成虫发生期，用48%乐斯本（毒死蜱）乳油3 000倍液、20%速灭杀丁乳油2 000倍液、20%噻虫嗪（阿尔泰、决胜）可湿性粉剂1 000倍液喷洒树冠，90%敌百虫晶体800~1 000倍液、50%辛硫磷乳油1 000倍液泼浇幼树根际处。
4. 深耕作业：结合中耕除草，清除田边、地堰杂草，夏闲地块深耕深耙；尤其当幼虫（或称蛴螬）在地表土层中活动时适期进行秋耕和春耕，深耕，同时捡拾幼虫。
5. 参照防治蒙古象。

成虫

成虫出土

幼虫蛴螬

成虫群集取食

被害状

被害状

41 小地老虎 *Agrotis ypsilon* (*Hufnagel*) Rottemberg

小地老虎属鳞翅目，夜蛾科。又名土蚕、切根虫。该虫能为害百余种植物，造成缺苗断条，是为害苗圃幼苗的重要害虫。

分布：

世界各地。

寄主：

杨、柳及刺槐、松等多种苗木、棉花、玉米、麻、马铃薯、高粱、麦类、烟草、蔬菜等百余种农作物。

形态特征：

成虫：体长21~23mm，翅展45~51mm。头褐色至黑灰色，触角雌蛾丝状，雄蛾双栉齿状，向端部逐渐细小。前翅棕褐色，前缘区黑褐色，基横线、内横线、外横线均为暗色，中间夹白色的波转双线。剑、环、肾状纹暗色，肾状纹外侧有1块尖朝外的三角形黑纵斑，中横线黑褐色，亚缘线白色，锯齿状，内侧有2块尖朝内的三角形黑纵斑。后翅灰白色，纵脉及缘线褐色，腹部灰褐色。足褐色，前足胫、跗节外缘灰褐色，中后足各节末端有灰褐色环纹。

卵：半圆形，黄色，直径约0.5mm，具纵横隆线。初产乳白色，渐变黄色，孵化前卵顶端具1个黑点。

幼虫：体长37~47mm，圆筒形，体色黄褐色至黑褐色。头部褐色，具黑褐色不规则网纹。体表粗糙，密布大小不一而彼此分离的颗粒。前胸背板暗褐色，背线、亚背线及气门线均黑褐色。腹部各节背面有4个毛片，后两个比前两个大1倍以上。臀板黄褐色，有2条深褐色纵带。胸足与腹足黄褐色。

蛹：体长18~24mm，赤褐色，有光泽。口器与翅芽末端相齐，均伸达第4腹节后缘。腹部第4~7节背面前缘中央深褐色，且有粗大的刻点，第5~7节腹面前缘也有细小刻点，末端有臀棘2个。

发生与为害：

1年发生2~3代，成虫具有远距离南北迁飞习性，春季由低纬度向高纬度，由低海拔向高海拔迁飞，秋季则沿着相反方向飞回南方。越冬代成虫迁入出现在4月中下旬，第1代成虫期6月中、下旬，第2代为8月上、中下旬，第3代（南迁代）9月下旬至10月上旬。成虫对黑光灯趋性较强，对糖醋味有强烈的趋化性。卵产在杂草、幼苗和土缝中，卵散产，每雌蛾产卵800~1 000粒，多达2 000粒。幼虫6龄，个别7~8龄、1~2龄幼虫，在地表土、叶背、心叶里取食形成白斑和小孔，2~3龄幼虫取食叶片，造成缺刻。幼虫3龄后开始扩散，白天潜伏在表土中，晚间在幼苗根部附近咬断苗茎并把嫩茎拖入土穴内取食为害，有迁移为害习性。幼虫老熟后在深约5cm土室中化蛹。

防治方法：

1. 经营措施：加强苗圃管理，及时清除杂草，减轻发生与为害。

2. 毒饵诱杀：幼虫为害期，采用毒饵诱杀方法。用鲜嫩草拌 50% 辛硫磷乳油，90% 晶体敌百虫，碾碎炒香的棉籽饼、豆饼或麦麸。按比例（药 1.0kg ：饵料 10.0kg ：水 100.0kg)）制成毒饵，傍晚在田间每隔一定距离地面撒一小堆，诱杀 3 龄以上幼虫。

3. 施毒土：用 50% 辛硫磷乳油 0.5kg 掺土 20kg 制成毒土，每公顷 300~375kg，地虫克星 0.5kg 加 20 倍沙土，2% 甲基异柳磷 2kg/ 亩加 20~25kg 沙土，顺垄撒在苗行间幼苗根标附近。

4. 水淹：用漫灌圃地淹杀幼虫或清晨在被害苗根处土中搜寻扑杀幼虫。

5. 喷药毒杀：1~3 龄幼虫期暴露在寄主植物或地面上，喷洒毒死蜱乳油 2 000 倍液或 2.5% 溴氰菊酯乳油 3 000 倍液、20% 菊马乳油 3 000 倍液、90% 敌百虫晶体 800 倍液或 50% 辛硫磷乳油 800 倍液。

6. 诱杀成虫：成虫期苗圃晚间用黑光灯或置放糖醋液（糖 6 份、醋 3 份、白酒 1 份、水 10 份、90% 敌百虫晶体 1 份）诱杀成虫。

雌成虫

雄成虫

幼虫

被害状

42 大地老虎 *Agrotis tokionis* Butler

大地老虎属鳞翅目，夜蛾科。又称切根虫、截虫。幼虫将幼苗茎部咬断，使植株死亡，造成缺苗断垄，严重的甚至毁种。是为害苗圃幼苗的重要害虫。

分布：

中国、日本、俄罗斯。

寄主：

杨、柳及各种苗木、棉花、玉米、烟草等100余种植物。

形态特征：

成虫：体长20~22mm，翅展52~62mm。头部、胸部褐色。下唇须第2节外侧具黑斑，颈板中部具黑横线1条。触角雌蛾丝状，雄蛾双栉齿状，向端部逐渐细小。前翅灰褐色，前缘自基部至2/3处黑褐色。基线双线褐色达亚中褶处，内横线波浪形，双线黑色，剑纹黑边窄小，环纹具黑边圆形褐色，肾纹大具黑边，褐色，外侧具1块黑斑近达外横线，中横线褐色，外横线锯齿状双线褐色，亚缘线锯齿形浅褐色，缘线呈1列黑色点，后翅浅黄褐色。腹部灰褐色。

卵：半球形，长1.8mm，高1.5mm，初淡黄色后渐变黄褐色，孵化前灰褐色。

幼虫：老熟幼虫体长41~61mm，黄褐色。背线、亚背线灰黄色。体表皱纹多，颗粒不明显。头部褐色，中央具黑褐色纵纹 1 对，额三角形，底边大于斜边，各腹节 2 毛片与 1 毛片大小相似。气门长卵形黑色，臀板除末端 2 根刚毛附近为黄褐色外，几乎全为深褐色，且全布满龟裂状皱纹。

蛹：长 23~29mm，初浅黄色，腹部 3~5 节较粗，腹末具 1 对臀棘。后变黄褐色。

发生与为害：

1 年发生 1 代，以 3~6 龄幼虫在表土或草丛潜伏越冬，翌年 4 月开始活动为害，6 月中下旬老熟幼虫在土壤 3~5cm 深处筑土室越夏，越夏幼虫至 8 月下旬化蛹，9 月中下旬羽化为成虫，成虫对黑光灯趋性较强，对糖醋味有强烈的趋化性，每雌成虫产卵量648~1486 粒，卵散产于土表或生长幼嫩的杂草茎叶上，孵化后，幼虫将幼苗近地面的茎部咬断，使整株死亡，造成缺苗断垄，严重的甚至毁种。

防治方法：

1. 经营措施：春天清除周围杂草，沤粪处理。是防治地老虎成虫产卵的关键一环，若已产卵，并发现 1~2 龄幼虫，则应先喷药后除草，以免幼虫入土隐蔽。

2. 灯光诱杀：成虫期夜间用黑光灯诱杀成虫。

3. 物理防治：配制糖醋液（糖 6 份、醋 3 份、白酒 1 份、水 10 份、90% 敌百虫 1 份）调匀，分置放苗地诱杀成虫。

4. 参照小地老虎防治。

成虫

幼虫

43 柳九星叶甲 *Chrysomela salicivora* Fairmaire

柳九星叶甲属鞘翅目，叶甲科。又称柳十八星叶甲，杨柳树食叶害虫，被害叶初呈网状，后常将叶片为害成残缺或吃光。对幼树为害较重。

分布：

河北、山东、陕西、甘肃、安徽、浙江、江西、贵州、四川；东北；朝鲜、韩国。

寄主：

柳、杨。

形态特征：

成虫：体长 7.0~8.0mm，长卵形。头、前胸背板中部、小盾片和腹面青铜色，前胸背板中间宽黑色，两侧黄色，鞘翅橘黄或橘红色，有光泽，每个鞘翅上各有 9 块大小不等的黑斑，中缝 1 狭条蓝黑色。触角基部棕黄色，第 2 节粗，近似球形，略短于第 3 节，后者约与第 4 节等长，端末 5 节较粗短，黑色。足棕黄色，腿节端半部黑蓝色或沥青色。有少数成虫鞘翅上无斑。

卵：长椭圆形，深鲜黄色，长 2.9mm，后变棕黄色。

幼虫：老熟幼虫体长 8.7~9.0mm，头部黑色有光泽，体背有 2 列黑色瘤状突起，两侧具成列黑色突起。初孵黑色，后变深褐色，老熟时黄色。

蛹：体长约 8mm，椭圆形，蛹背具成列黑色斑。

发生与为害：

1 年发生 1 代，以成虫在枯枝落叶层、地被物或表土中越冬，翌年 4 月下旬出蛰活动，成虫有假死习性。卵产在叶上，几十粒聚一起成块状。5 月中旬幼虫孵化，小幼虫有群居为害特点，7 月为害盛期，成虫、幼虫均取食叶片为害。初龄幼虫咬食叶片成刻点状、网状、缺刻状，老熟幼虫为害严重时取食叶片仅留叶脉，大发生可将整株和全林叶片全部吃光。

防治方法：

1. 人工扑杀：利用成虫假死习性，早春上树期，早晚时振动树干扑杀落地成虫。在苗圃效果更好。

2. 施药防治：5月中旬至6月中旬，树冠喷洒0.3%印楝素乳油1 000~2 000倍液、1.1%烟百素乳油1 000~1 500倍液、苏云金杆菌（每毫升含100亿孢子）可湿性粉剂600~800倍液、10%吡虫啉可湿性粉剂1 000倍液、90%敌百虫晶体800倍液、5%灭百可乳油2 000倍液，防治成虫和幼虫。

3. 林地清理：秋末冬初，清除林地枯枝落叶，集中销毁。

4. 人工防治：苗圃苗木和低矮树在卵期、初孵幼虫群聚期人工摘除有虫叶片。

成虫

成虫产卵

卵

初孵幼虫

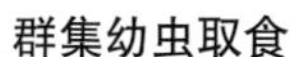

群集幼虫取食

成虫取食－被害状

44 杨红颈天牛 *Aromia moschata* (Linnaeus)

杨红颈天牛属鞘翅目，天牛科。是为害杨树、旱柳蛀干害虫。以幼虫先蛀食树干韧皮部，阻碍养分的正常运输，后钻入树干，造成枝干枯萎和风折，影响树木的生长，严重受害的树木可整枝整株死亡。

分布：

辽阳、鞍山、营口、阜新、朝阳、锦州、葫芦岛、丹东；内蒙古、黑龙江、吉林、甘肃、河南、湖北、陕西、江西；俄罗斯、朝鲜、日本。

寄主：

杨、柳及桑、山桃。

形态特征：

成虫：雄成虫体长18~30mm，雌成虫体长20~32mm，墨绿色，有光泽。头部额中央有1条纵沟，触角鞭状，蓝黑色，触角基部两侧各有1对瘤状突起，柄节基部暗红色。雄虫触角长，约超过体长1/3，雌虫触角与体长相比略短。小盾片三角形，蓝色。前胸橙红色，有光泽，中部有1条浅沟，侧刺突明显，鞘翅基宽于胸部，每鞘翅上有2条纵隆线，中缝及前翅前后缘各有1条墨绿色边。足蓝黑色。

卵：长 2mm 左右，长卵形。初产白色，后变为绿色。

幼虫：老熟幼虫体长 26~33mm。头部黄白色，大部缩入前胸，前胸背板长方形，两侧各有 1 条纵沟，中央有 1 条纵纹，前后缘有明显 6 个黄褐色波状突起，腹部 1~8 节背面和腹面各有 1 个步泡突。

蛹：乳白色，体长 18~32mm，羽化前变为浅黄色。

发生与为害：

3 年发生 1 代，以幼虫在树干内越冬。翌年春开始活动，6 月中旬至 8 月上旬成虫出现期，遇惊扰后常射出具有特殊气味的白色乳状物。6 月中旬产卵，卵产在树皮缝中，单产，少数产 2~5 粒。产卵量 40 粒左右。7 月上旬幼虫孵化，1~2 龄幼虫在韧皮部为害，3 龄后蛀入木质部，坑道“L”形，被害处有树液流出和细木屑排出。3 龄后排出大量木屑。被害蛀道交错，9 月中旬幼虫越冬，第 4 年 5 月化蛹。3 龄以下在树皮下越冬，4、5 龄幼虫在木质部坑道中越冬。被害树木引起枯梢或树皮脱落，木材腐朽。

防治方法：

1. 人工扑杀：成虫出现期，利用遇惊落地假死习性，人工扑杀成虫。

2. 施药堵孔：用 40% 氧化乐果乳油 30 倍液或 80% 敌敌畏乳油 30 倍液注入虫蛀道内，注药前先将蛀孔内碎屑清除干净，施药后用黄黏土泥封口。或用磷化铝颗粒堵孔，后用泥封孔，防治幼虫。

3. 施药防治：6、7 月间成虫发生盛期和幼虫孵化期，在树体上主要在树干上喷洒绿色威雷微胶囊剂 1 000 倍液、10% 吡虫啉可溶液剂 1 000 倍液、50% 杀螟松乳油 1 000 倍液。7~10 天 1 次，连喷 3 次。

4. 人工扑杀：9 月前在主干与主枝上一旦发现红褐色虫粪，即用小刀划开树皮将幼虫杀死。

5. 清除虫源：发现严重虫源树及时清除处理。

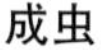

成虫

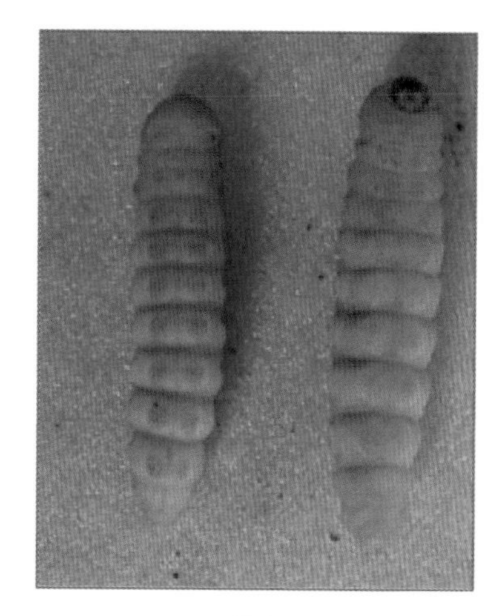

幼虫

45 青杨脊虎天牛 *Xylotrechus rusticus* Linnaeus

青杨脊虎天牛属鞘翅目，天牛科。是杨树重要的蛀干害虫，被害林木轻则影响生长，降低成林、成材，重则干折、断头，全林被毁。

分布：

辽宁、吉林、黑龙江、内蒙古；朝鲜、日本、蒙古、伊朗、土耳其；欧洲。

寄主：

杨、柳、桦、栎、椴、榆。

形态特征：

成虫：体长 11~22mm，黑色，额具 2 条纵脊至前端，呈倒“V”形。前胸球形隆起，背板有 2 条不完整的黄绒毛纵带。鞘翅两边平行，端部钝圆，翅面具黄色波纹 3~4 条，其前半部呈“北”字形，后半部呈“W”形，体腹面密被黄色绒毛。

幼虫：老熟幼虫体长 30~40mm，黄白色。头黄褐色，缩入前胸，前胸背板有黄褐色斑纹，腹部 2~9 节背部有硬斑，体生短毛。

卵：长约 2mm，长卵形，乳白色。

蛹：长 18~32mm，黄白色，头部下倾前胸之下，触角两侧卷曲腹下。

发生与为害：

1 年发生 1 代，以老熟幼虫在树干蛀道内越冬，翌年 4 月上旬继续钻蛀为害。4 月下旬化蛹，成虫很活跃，善于爬行，能短距离飞行。卵产在树干中上部树皮缝中，6 月中旬小幼虫群聚在木质部表面为害，由于坑道内堵满排泄物，使韧皮部与木质部完全分离，7 月下旬蛀入木质部，成不规则蛀道，各蛀道椭圆形，不相通。并向外排出粪屑，后开始分散为害。当年越冬时，已可将树干蚕食近半，翌年春季时，树干基本被吃空。被害树木生长衰弱，降低材质，树皮剥离，折干断头，严重被害树整株枯死。

防治方法：

1. 清除虫源：及时发现严重被害木采取砍伐清除，及时运出林地，集中烧毁或扒皮、水浸、熏蒸处理。

2. 经营预防：及时采伐成熟、过熟林，尤其是过熟林，避免滋生成虫源树。

3. 施药防治：成虫出现期，树干喷洒 80% 绿色威雷微胶囊剂 400 倍液、2.5% 溴氰菊酯（敌杀死）乳油 2 000 倍液毒杀。

4. 施药防治：卵、幼虫初孵期用 2.5% 溴氰菊酯（敌杀死）乳油 2 000 倍液、50% 乙酰甲胺鳞乳油 1 500 倍液、50% 杀螟松乳油 800 倍液喷洒枝干。

5. 施药堵孔：可用磷化铝片堵孔，用黄泥封口，杀死幼虫。

雌成虫

雄成虫

蛹

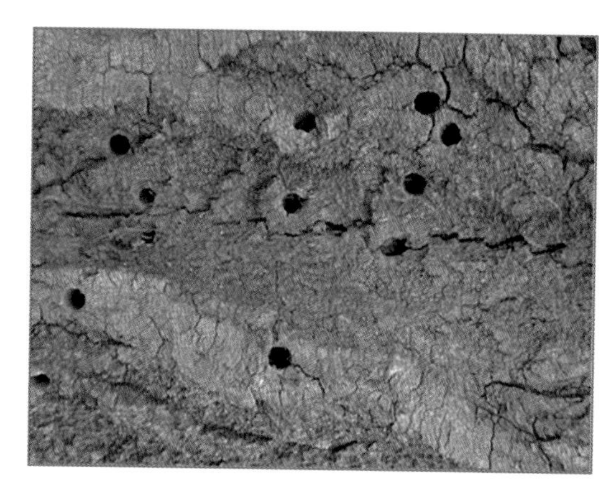
羽化孔

被害状

46 杨圆蚧 *Quadraspidiotus gigas* Thiem et Gerneck

杨圆蚧属同翅目，盾蚧科，是杨树主要毁灭性害虫之一。虫体固定在枝、干上，以口器刺入树皮内吸取汁液。因其逐年繁殖，新旧蚧壳重叠密布整个树干，为害造成枝干逐渐树皮下陷，变褐、腐烂、开裂，树叶枯黄，长势衰弱，日趋枯萎，甚至大量枯死，是国内森林植物检疫的对象之一。

分布：

大连、营口、葫芦岛、锦州、丹东；东北、华北、西北；欧洲。

寄主：

杨、柳。

形态特征：

成虫：雌成虫倒梨形，体长1.5mm，橘黄色，臀板杏红色，口器发达，臀叶3对，第1、3对发达。雌成虫蚧壳圆形，灰褐色，壳点在蚧壳中间或略偏，直径2.2cm，蚧壳3圈轮纹明显。雄成虫形如蚊，体长1.0mm，橘黄色，口器退化，触角丝状，具透明翅1对，交尾器狭长针状，长约体长的3/4，雄成虫蚧壳长直径1.5cm，椭圆形，壳点在蚧壳偏于一端，褐色。

卵：长0.16mm，初白色透明，后变为淡黄色。

若虫：雌若虫体长0.13mm，扁平近圆形，初孵时黄色，有3对足、1对触角。雄若虫比雌若虫稍大，可见头、胸及腹部，有3对足、1对触角。固定后变2龄。

蛹：雄蛹长形，具头、胸、腹、翅芽、交尾器，口器退化。

发生与为害：

1年发生1代，在枝干上以2龄固定若虫在蚧壳下越冬，翌年4月开始活动，在蚧壳下取食为害，5月上旬化蛹，5月下旬出现成虫，6月中旬产卵，产卵量64~107粒。若虫孵化后，从母体蚧壳下爬出，在枝干上迅速爬行，两天即固定在枝干上，形成新蚧壳。不久脱皮，虫体变大，以2龄固定若虫越冬。此虫以固定若虫在枝干上，以口针刺入枝干内吸食树液为害，虫体以蚧壳覆盖，随着为害的加重密布于树干。树皮光滑，杨树种类受害较重，造成树势逐渐衰弱，甚至全株枯死。

防治方法：

1. 实行严格检疫：经过检疫合格方可调出、调入。带虫苗木、带皮原木、小径木必须进行销毁，严控传播蔓延。

2. 人工清除虫源：虫口密度特别大的林分，采取卫生伐，伐出严重被害木，集中灭虫。

3. 施药防治：初孵若虫及初固定若虫期，喷洒40%氧化乐果乳油1 000倍液再加1kg柴油、50%辛硫磷乳油1 000倍液另加1kg柴油、20%吡虫啉（康福多）可湿性粉剂1 500倍液、48%毒死蜱乳油、40%速螨可乳油2 000倍液。

4. 涂药环防治：固定若虫期用40%氧化乐果乳油、10%吡虫啉可湿性粉剂1 000倍液、50%辛硫磷乳油5倍液在树干基部2m左右处进行涂药环毒杀。

5. 保护利用天敌：瓢虫、蚜小蜂、草蛉、小黄蚁是寄生、扑食天敌，保护利用天敌，提高森林的自控能力。

蚧壳、若虫

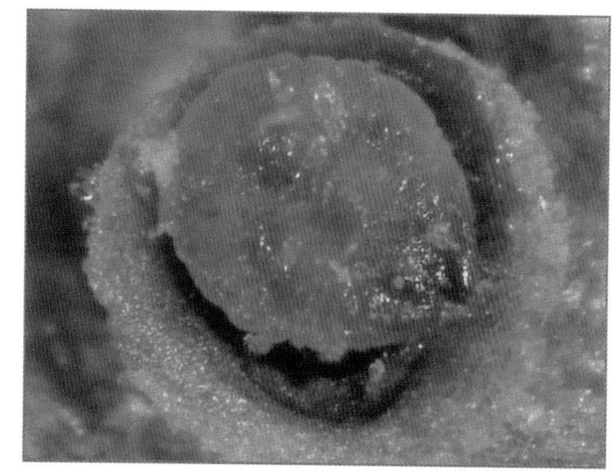

若虫

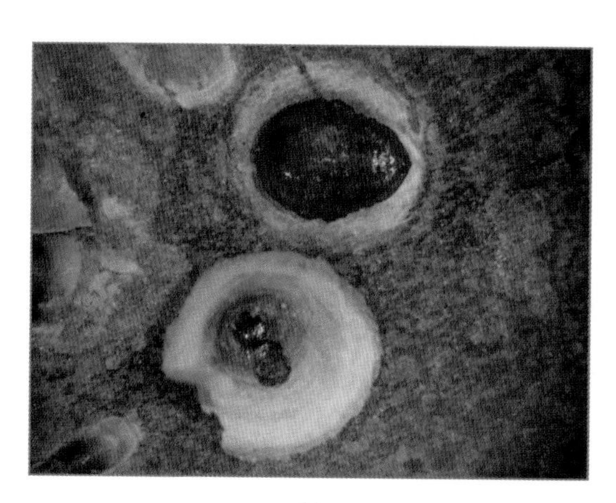

蛹

固定若虫

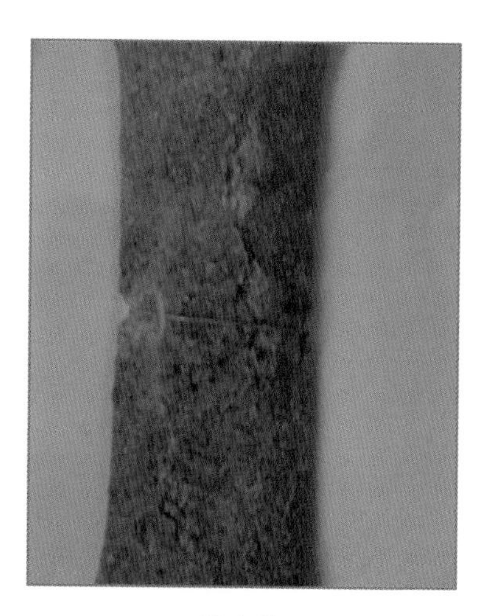

被害状

47 草履蚧 *Drosicha corpulenta*（Kuwana）

草履蚧属同翅目，绵蚧科。若虫和雌成虫常聚集在芽腋、嫩梢、叶片和枝杆上，吮吸汁液为害，造成树木生长不良，早期落叶。

分布：

东北、华北、华东、华中、西北、西南；日本。

寄主：

杨、柳、刺槐、板栗、核桃、桑、栎和苹果、桃等蔷薇科植物。

形态特征：

成虫：雌成虫体长约10mm，扁平椭圆形，形似草鞋，赭色，周边和腹面淡黄色，触角8节呈念珠状。背有皱褶，体背被有白色蜡粉。雄虫体长5~6mm，翅展10mm左右，紫红色。触角24节，鞭状，每节有细长毛，呈羽毛状。有翅1对，淡黑色，翅脉2条半透明条纹，后翅小。腹部末端有尾刺4根。

卵：椭圆形，初产时黄白色，后橘红色，有白色絮状蜡丝卵囊粘裹。

若虫：体似雌成虫，略小。初孵化时棕黑色，腹面较淡，触角棕灰色，只有第3节淡黄色，很明显。

蛹：雄蛹体长5mm，圆筒形，棕红色，有白色薄层蜡茧包裹，有明显翅芽。

发生与为害：

1年发生1代，以卵在卵囊中，在寄主根际地面、枯枝落叶层中、树皮缝内越冬，翌年春树发芽时卵孵化出若虫上树，以活动若虫和固定若虫群集寄生在嫩芽、嫩枝、叶背和枝干刺吸汁液为害，2龄若虫开始分泌蜡质，雌性若虫3次蜕皮后即化蛹，5月成虫开始交尾，6月下旬下树产卵，卵有白色蜡丝包裹成卵囊，每囊有卵100多粒。为害造成枝枯叶落，树势衰弱。

防治方法：

1. 加强检疫：实施严格检疫，严禁带有虫活体苗木调运。

2. 涂环阻杀：树液流动时，在树干基部上方涂黏虫胶 20cm 宽环，阻杀上树若虫。

3. 施药防治：若虫孵化期喷洒 10% 吡虫啉可湿性粉剂 1 000 倍液、3% 高渗苯氧威乳油 3 000 倍液、10% 扑虱灵乳油 2 000 倍液、40% 氧化乐果乳油 1 000 倍液、50% 杀螟松乳油 1 000 倍液。

4. 保护和利用天敌：天敌有多种瓢虫、寄生蜂。及时清理林间杂草、枯枝落叶。

雄成虫

雌成虫

卵囊、活动若虫及被害状

雄蛹

固定若虫

48 柳缘吉丁甲 *Meliboeus cerskyi* Obenberger

柳缘吉丁甲属鞘翅目，吉丁虫科。以幼虫钻蛀树主干和大树枝条。虫道扁平、弯曲，其内充满虫粪和蛀屑。受害部位皮层，初期流出黑褐色的树液，腐烂后龟裂呈鳞片状，可造成树木枯萎或死亡。

分布：

阜新、朝阳、锦州、葫芦岛；河北、山东、河南、陕西、江苏、安徽、湖北、湖南。

寄主：

杨、柳。

形态特征：

成虫：体长5~7mm，狭长楔形，黑褐色，闪蓝紫色光泽，体布浅黄色细毛。头横阔，复眼发达，肾形褐色。触角锯齿状。前胸发达，背板中部隆起，两侧缘略向上曲，鞘翅前端微下陷，中部略狭窄，肩区有1条微隆起斜脊，末端钝圆呈斜切状。

卵：椭圆形，长1.3~1.5mm，初产时乳白色，后变为漆黑色，表面有1层淡灰色膜。

幼虫：老熟幼虫体长9~12mm，体扁平，初黄乳白色，头小缩入前胸。前胸较大，背板中央有“V”形沟，腹部末端有1对棕褐色骨化尾铗。

蛹：楔形，长 1.2~1.5mm，初乳白色，后变为淡黄色，触角向后斜伸至翅基。

发生与为害：

1 年发生 1 代，以老熟幼虫在木质部边材坑道中越冬，翌年 5 月开始化蛹，5 月中旬至 6 月中旬羽化成虫，成虫羽化后在蛹室顶端咬一圆形羽化孔，成虫出孔后，取食树叶进行补充营养，常沿叶缘咬成锯齿状缺刻。成虫多产卵于向阳面距地 3m 以下的枝杈处、未木栓化的嫩枝表皮上和伤口、皮孔边缘，多为单粒散产，6 月中旬开始孵化。初孵幼虫直接钻入表皮，先在韧皮部钻蛀，虫道弯曲，内充塞褐色粪屑，树皮表面形成虫斑。虫斑多并发腐烂病，病斑呈黑褐色下陷，溢出褐色汁液，干燥后表皮易剥裂，可导致萎蔫枯死。幼虫 3 龄以后斜向蛀入木质部食害，幼虫为害到 8 月下旬开始在虫道末端越冬。幼虫在树干韧皮部和木质部边材蛀道内为害，造成树木枯萎，甚至死亡。

防治方法：

1. 清除虫源：及时伐除被害木、枯死木，并应当年秋、冬季烧毁和除虫处理。

2. 树干涂白：成虫羽化前，用白涂剂对树干 3.0m 以下的部位涂白。

3. 施药防治：成虫出现期，树干喷洒 80% 绿色威雷微胶囊剂 400 倍液、2.5% 溴氰菊酯（敌杀死）乳油 2 000 倍液、20% 乙酰甲胺鳞 1 000 倍液毒杀。7 月上旬幼虫钻蛀盛期，用刀纵向割裂虫斑，涂以石灰硫黄合剂原液，或用波美 5 度石灰硫黄合剂喷树干，可杀死幼虫，并兼治腐烂病。

成虫

蛹背面

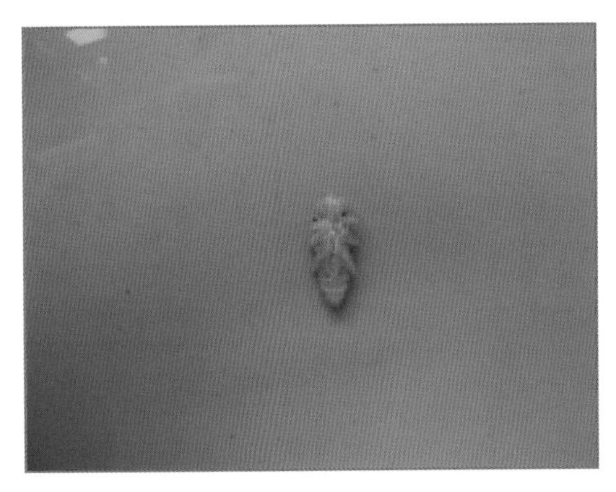

蛹正面

蛀道

树皮被害状

树干后期被害状

49 杨梢叶甲 *Parnops glasunowi* Jacobson

杨梢叶甲属鞘翅目，叶甲科。以成虫取食幼叶和新梢为害，苗木和幼树被害严重。

分布：

沈阳、锦州、朝阳、葫芦岛；河南、河北、山西、陕西、甘肃、宁夏、北京、内蒙古、吉林、江苏。

寄主：

杨、柳。

形态特征：

成虫：体长 5.4~7.3mm，长椭圆形，底色黑色或黑褐色，背面密被深绿色细毛，腹面密被灰白色鳞片状平卧毛。头宽，触角丝状，黄褐色。前胸背板矩形，宽大于长，小盾片舌形，鞘翅两侧平行，端部狭圆。前胸腹板隆起，中胸腹板狭长。足粗壮，淡棕色。

卵：长椭圆形，长约 0.7mm，初产时乳白色，后变为乳黄色。

幼虫：老熟幼虫体长 10mm 左右，头、尾略向腹部弯曲，头部黄色，胸腹部白色，第 9 节具 2 个角突，尖端黄褐色。

蛹：乳白色，长 6.2mm，复眼黄色，前胸背板有几根黄色刚毛，尾节有 2 根刚毛。

发生与为害：

1 年发生 1 代，以老熟幼虫在土中越冬，翌年 4 月化蛹，5 月上旬至 7 月中旬为羽化期，成虫取食幼叶和新梢顶端，将叶柄和嫩梢咬成 2~3mm 缺刻，造成叶萎缩、干枯、脱落。成虫假死现象明显，交尾、产卵，可延至 8 月中旬，卵产于雌虫粘接的叶片夹层间、旧卷叶、树皮缝、杂草、土缝等隐蔽处，幼虫孵出后坠地潜入土层取食植物嫩根。老熟幼虫在土中做蛹室越冬。

防治方法：

1. 破坏化蛹场所：4 月上旬幼虫化蛹前，结合中耕除草，用耙耕破坏化蛹场所。

2. 人工扑杀：成虫发生期于日出前，黄昏振落扑杀落地成虫。

3. 施药防治：成虫期树冠喷洒 10% 烟碱乳油 3 000 倍液，1.8% 阿维菌素 4 000 倍液，50% 辛硫磷乳油 800 倍液，90% 敌百虫晶体 600 倍液，2.5% 溴氰菊酯、20% 速灭杀丁乳油 2 000~3 000 倍液。

成虫

被害状

50 杨目天蛾 *Smerinthus caecus* Menetries

杨目天蛾属鳞翅目，天蛾科。是杨树食叶害虫，分布广，为害较轻。

分布：

东北、华北、西北；朝鲜、蒙古、日本、俄罗斯。

寄主：

杨。

形态特征：

成虫：体长35~45mm，翅展60~70mm，胸部背板棕褐色，腹部两侧有白色纹，翅红褐色，前翅内线、中线、外线棕褐色，中室有白色细长斑，斑下有1块棕褐色，后角有1块橙黄色斑，顶角有棕黑色三角斑。后翅暗红色，后角有棕黑色眼目形斑，斑内中间有2条粉白色弧状斑。

卵：长约1.8mm，扁圆形，翠绿色，表面有凹陷。

幼虫：老熟幼虫体长约80mm，青绿色，胸部侧面有横线，腹部斜线黄白色，颗粒较粗，气门白色。腹部1~8节由白色颗粒组成线纹，腹末有臀角向后斜伸，臀角紫红色，腹足2序中列式。

蛹：体长41~44mm，深褐色，臀棘三角形。

发生与为害：

1 年发生 2 代，以蛹在土中越冬，翌年 5 月中旬羽化出成虫，下旬产卵，卵单产在叶面上，卵期 7 天，幼虫期为 4 龄，第 1 代幼虫发生在 6 月上旬至 7 月中旬，成虫期 7 月中旬至 8 月上旬，8 月上旬至 9 月下旬化蛹。以幼虫取食叶片为害，发生严重年份可将树叶吃光。

防治方法：

1. 人工扑杀：幼虫期，因幼虫虫体大，易识别发现，可人工捕捉，集中处理。
2. 灯光诱杀：成虫期夜间用灯光诱杀成虫，防治效果明显。
3. 施药防治：幼虫为害期树冠喷洒 Bt 可湿性粉剂 800 倍液、1.2% 苦参烟碱可溶液剂 500 倍液、灭幼脲 3 号倍悬浮剂 3 000 倍液、90% 敌百虫晶体 1 000 倍液、50% 辛硫磷乳油 1 000~1 500 倍液、1.8% 害极灭乳油 2 000 倍液。
4. 耕作杀蛹：在树下根际处围耙，杀死土中越冬蛹。

雌成虫

雄成虫

幼虫

51 蓝目天蛾 *Smerithus plasnus plasnus* Walker

蓝目天蛾属鳞翅目，天蛾科。别名柳木天蛾、柳天蛾。是杨树食叶害虫，分布广，发生为害较轻。

分布：

辽宁、内蒙古、河北、河南、山东、江苏、上海、浙江、安徽、江西、陕西、宁夏、甘肃。

寄主：

杨、柳及榆、苹果、梨、李、杏、核桃。

形态特征：

成虫：体长32~36mm，翅展80~90mm，灰黄色或灰褐色，前胸有1块近三角形黑褐色纵斑。前翅狭长，有波状纹，中室有1块半月形白色斑，中央近前缘有1块大褐色三角形斑。后翅灰褐色，中央紫红色，有1块大深蓝色圆斑，周围黑色环。

卵：椭圆形，长径约1.8mm，初产时鲜绿色，有光泽，后变为黄绿色。

幼虫：老熟幼虫体长80~90mm，黄绿色。背部色较浅，胸部两侧各有黄白色纹1条，腹部两侧各有1条白色颗粒组成横线，体表有黄白色小颗粒。两侧有黄白色斜纹。气门白色，周围黑色。臀角被有许多小颗粒，先端蓝色。趾钩38~44个，排列2序中列式。

蛹：长28~35mm，初时暗红色，后为暗褐色，翅芽短，尖端达腹部第3节的2/3处，臀角向后突出。

发生与为害：

1年发生2代，以蛹在树下土中越冬，翌年5月中旬羽化出成虫，有较强的趋光性。幼虫发生在6月上旬至7月中旬进行取食叶片为害，第1代成虫发生期8—9月，8月上旬雌成虫产卵，8月下旬孵化幼虫，卵一般产在叶背和枝条上，雌蛾平均产卵200~400粒。第1代幼虫发生量比越冬代大，取食多，为害重，5龄幼虫进入暴食期，树下可见大量黑褐色虫粪，9月下旬入土化蛹。1972年在庄河苗圃曾大发生，造成严重为害。

防治方法：

1. 人工扑杀：幼虫期，因幼虫虫体大，易发现识别，可人工扑杀。

2. 灯光诱杀：成虫期夜间用灯光诱杀成虫，防治效果明显。

3. 施药防治：幼虫为害期树冠喷洒 90% 敌百虫晶体 1 000 倍液、50% 辛硫磷 1 000~1 500 倍液、Bt 乳剂 800 倍液、1.8% 阿维菌素（齐螨素、害极灭）2 000 倍液。

4. 耕作杀蛹：在树下根际处围耙，杀死土中越冬蛹。

5. 参照防治杨目天蛾。

雄成虫

雌成虫

小幼虫

老熟幼虫

52 杨叶柄瘿绵蚜 *Pemphigus matsumurai* Monzen

杨叶柄瘿绵蚜属同翅目，瘿蚜科。在新芽叶柄基部刺吸树液为害，在枝条茎部，形成紫褐色球形或不整形虫瘿。叶柄被害后变成黑褐色，叶片早落，枝梢枯萎。

分布：

辽宁、黑龙江、吉林、内蒙古、河北、河南、新疆、宁夏、甘肃；伊拉克、约旦、土耳其、俄罗斯、摩洛哥。

寄主：

杨。

形态特征：

成蚜： 有翅孤雌胎生蚜，体椭圆形，头胸黑色，腹部褐色或黄绿色。触角粗短，翅脉前翅 4 斜脉不分叉，后翅 2 肘脉基部分离。无腹管，尾片半月形，体被有白色蜡质；无翅蚜体长 2.5mm 左右，肥大球形，头、触角、足黑色，胸腹污绿色；有翅蚜长形，头胸黑色，腹部褐色或黄绿色，每节背面有成列白点；有翅胎生蚜，比无翅胎生蚜小，足黑色，腹部褐色或黄绿色。

若蚜： 体长形，黄绿色，腹端有白色绒球。

发生与为害：

4 月下旬无翅蚜在新芽叶柄基部刺吸树液为害，造成组织逐渐肿胀变紫红色，5 月下旬形成 15~20mm 紫褐色虫瘿，结在枝条基部，球形或不整形。4 月瘿内多为干母，5 月中旬发育成若蚜和有翅蚜，每瘿内有翅蚜数十头，6 月虫瘿开裂，裂口朝下。有翅蚜飞出，在虫瘿内可看到有翅蚜和若虫分泌白蜡和蜜球，白蜡常从虫瘿口下落地面。其为害影响枝梢生长。

防治方法：

1. 施药防治：冬初喷洒 3~5 波美度石硫合剂，毒杀越冬蚜。

2. 施药防治：4 月下旬树冠喷洒 10% 烟碱可溶液剂 1 000 倍液、70% 灭蚜威 1 000 倍液、

5% 锐劲特（氟虫腈）乳油 2 000 倍液、90% 敌百虫晶体 500 倍液、40% 氧化乐果乳油 500 倍液。

3. 人工措施：人工剪除虫瘿集中销毁。

4. 保护利用天敌：各种瓢虫、食蚜蝇、蚜茧蜂、草蛉等天敌，起到重要控制作用。

虫瘿

被害状

二、病害部分

1 杨树腐烂病 *Valsa sordida* Nits

杨树腐烂病又称烂皮病、臭皮病。是我国北方防护林、用材林、城乡绿化杨树的常见病、多发病。主要为害杨树干枝，引起皮层腐烂，导致林木大量枯死和造林失败。该病是潜伏侵染性病害，当出现干旱、水涝、日灼、冻害等恶劣条件时，病害便迅速发生，造成巨大损失。

分布：

东北、华北、西北；山东、安徽、江苏。

寄主：

杨、柳及榆、板栗、花楸、桑树、接骨木等。

病源：

有性态为子囊菌——污黑腐皮壳菌（*Valsa sordida* Nits.），无性态为半知菌——金黄壳囊孢菌 *Cytospora chrysosperma*（Pers.）Fr。

症状：

发病在杨树枝干皮部，初期出现不规则浅褐色水渍病斑，微隆起，组织腐烂变软，有褐色液体流出，液体有酒糟气味。病斑干缩下陷，病斑与病健组织边缘明显，后边部开裂。后期病斑出现突起小黑点——分生孢子器，遇湿和雨后生出橘黄色卷丝——分生孢子角。受害皮层变成褐色或暗褐色，树皮与木质部剥离，树皮糟烂如乱麻纤维丝条。后期死亡病部形成一些小黑点——子囊壳。病斑环干一周，病部以上的枝干干枯。小枝发病时无明显溃疡斑。在粗皮部分发病时也无明显的溃疡斑，也无卷须状的孢子角，但有琥珀色的分生孢子。

发生规律：

病菌由子囊孢子、菌丝或分生孢子在病皮上越冬，靠风雨或昆虫传播，从伤口侵入。每年 4 月开始发病，5、6 月为发病盛期，7 月病势渐缓，9 月停止。属弱寄生菌，易侵入为害受冻害木、衰弱木。被害树木造成枯枝、枯梢。病斑围树干一周即枯死。

气候条件对发病影响较大：①在早春，气温骤变，温差较大，树干西南面极易造成冻害损伤，病菌易从伤口侵入发病；②在出现暖冬现象年份，树木落叶时间比常年晚，树木水分蒸发量相对加大，造成树体含水降低，同时木质化程度减弱，抵御低温能力降低，易感病；③早春遇降水量较多，空气湿度大，有利于烂皮病菌发病；④ 107、108 、辽宁杨等品种抗寒性低，易受冻害，易感病；⑤失水严重，含水量低新植林幼树易感病。在辽宁曾大面积发生，严重为害，仅路树被害枯死达数十万株。

防治方法：

1. 严格检疫：加强苗木出圃检疫，发现病苗及时集中销毁。

2. 造林苗木管理：苗木起苗、运输必须尽可能减少失水，保持一定的含水量，并避免造成伤口。

3. 经营措施：加强经营管理，促进生长，增强树势，增强抗性。

4. 树干涂白：秋末树木休眠后，初冬时采取在树干 1.5m 以下涂石硫合剂白涂剂，预防冻害是有效预防措施。

5. 施药喷干：早春树液流动前，树干喷波美度 0.5 度石硫合剂，25% 培福朗 500~1 000 倍液，0.8% 菌立灭二号 200~250 倍液预防。

6. 施药防治：发病初期，发病部位进行刮皮至木质部，刮皮部要大于病斑，后涂刷 0.15% 梧宁霉素水剂 5 倍液、30% 腐烂敌 20 倍液、30% 腐必清乳剂 2~3 倍液、50% 多菌灵可湿性粉剂 500 倍液、70% 甲基托布津可湿性粉剂 1 000 倍液、10 倍大碱水均可。

7. 选择抗性品种：造林注重选择抗病树种。

初期病斑

水浸状

褐色液体流出

病斑变色

病斑干缩下陷，后边部开裂

分生孢子角和分生孢子

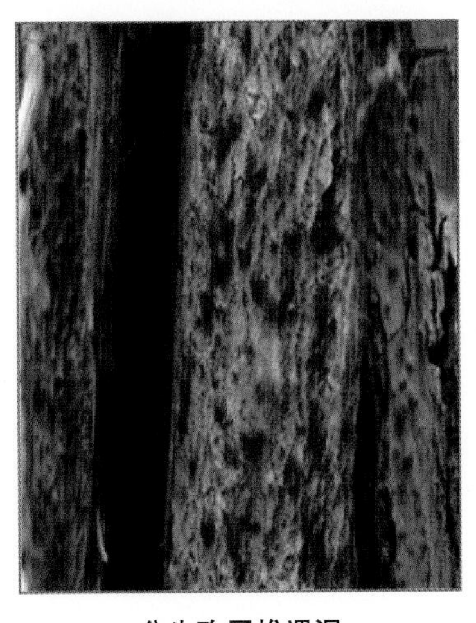

分生孢子堆遇湿

小黑点子囊壳

后期病斑

树皮坏死、分离

树皮糟烂如乱麻——纤维丝条

片林被害状

2 杨树水泡型溃疡病 *Botryosphaeria ribis* (Tode) Grossenb.Et Dugg

杨树水泡型溃疡病发生在主干和大枝上，生长衰弱杨树易发病。感病被害造成树势衰弱，木材材质降低，被害严重树木枯死。

分布：

东北、华北、西北、华东。

寄主：

杨、柳及刺槐、苹果、核桃。

病源：

有性阶段为子囊菌——茶镳子葡萄座腔菌 *Botryosphaeria ribis*（Tode）Grossenb.Et Dugg，无性态为半知菌——聚生小壳菌 *Dothiorella gregaria* Sacc。

症状：

水泡型：多发生在主干和大枝上，发病初期在光皮杨树枝干皮孔边缘出现一个约 1cm 大小的圆形或椭圆形灰色隆起小水泡，泡内略带腥臭黏液体，小泡可连成大泡。后期泡破液体流出变成黑褐色，并很快扩展成长椭圆形或长条形。小泡下面还可生成新皮，大泡下面留下伤疤，病斑干缩凹陷呈深褐色，皮层腐烂变黑，到春季病斑出现黑粒分生孢子器。后期病斑周围形成隆起愈伤组织，此时中央开裂，形成典型溃疡症状。在粗皮杨树品种上，通常并不产生水泡，发病处树皮流出赤褐色液体。产生小型局部坏死斑。秋季老病斑出现粗黑点为病菌有性阶段。

枯斑型：枝梢树皮上出现水渍状小圆斑，稍隆起，后干缩成微陷的圆斑，呈黑褐色。在当年幼树主干上出现不明显小斑，呈红褐色，手压有柔软感，几天后病斑迅速包围主干，使上部梢头枯死。

发生规律：

以菌丝和分生孢子、子囊腔在老病疤上越冬，翌年春子囊孢子成熟与分生孢子，靠风雨传播，多由伤口和皮孔侵入，次年春还可在老伤疤处发病。分生孢子可反复侵染。一般在 4 月发病，5 月为高峰期，尤其在幼苗移栽后发病率最高。秋季又可出现第 2 次发病。9 月为高峰期，病斑围绕枝干一周被害树木枯死。不仅为害苗木，也为害大树。病菌易在弱树、树木伤口处、含水量低的造林苗木上侵染发病。杨树感病被害造成树势衰弱，木材材质降低，被害严重树木枯死。是影响新植林幼树能否成活、成林和大树木材质量的主要病害。在辽宁普遍发生和严重为害。

防治方法：

1. 加强检疫检查：出圃苗木检疫和造林地幼树跟踪检疫，发现疫苗立即全部集中处理烧毁。加强日常苗圃苗木检查，及时发现及时预防和防治。

2. 造林苗木管理：起苗、运输过程必须尽可能减少苗木水分蒸发散失，保持苗木的良好的含水量。并注意在起苗运输、假植、定植时尽量减少伤根和碰破树皮。防止冻害是有效预防措施。

3. 涂干预防：早春树液流动前和秋末树木休眠后，在树干上喷 0.5 波美度石硫合剂。冬季、早春树干涂抹白涂剂（生石灰 10kg ：硫黄 1kg ：水 40kg ：盐： 200g，豆油）或用 70% 甲基托布津 100 倍液或多氧霉素 100~200 倍涂干。

4. 涂药防治：发病初期在发病部先用板钉或小刀划破病斑或刮破病斑后，用 50% 多菌灵可湿性粉剂 500 倍液、70% 甲基托布津可湿性粉剂、70% 代森锌可湿性粉剂 50~100 倍液、10 倍大碱水用毛刷蘸药涂抹于病部。

5. 施药防治：4 月上旬至 8 月初用 50% 代森锌悬浮液 200 倍液、波尔多液（自制：硫酸铜 2 份：生石灰 2 份：水 100 份，先用 1kg 水把 2kg 生石灰混合制成浆状后再加入 19kg 水；然后用 1kg 温水化开 2kg 硫酸铜，必须把硫酸铜液倒入石灰浆中，边倒边搅拌，最后加入 80kg 水制成）喷干 3~4 次。

6. 选择抗性树种：造林要选择抗病树种，白杨派杨树较抗病，青杨派杨树易感病，发病较重，黑杨派杨树轻度、中度感染。

初期光皮杨水泡

水泡破裂流液

水泡破裂流液

病斑中央开裂

水泡形粗皮杨树干

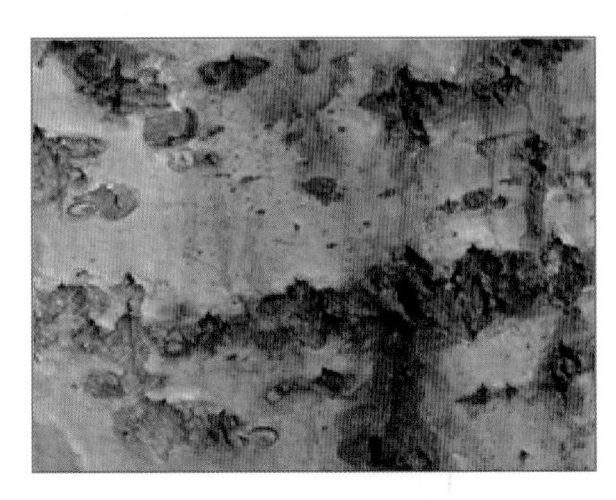

流出赤褐色液体粗皮树干

流出赤褐色液体粗皮树干

被害状

3 杨大斑型溃疡病 *Dothichiza populea* Sacc. et Briard

杨大斑型溃疡病又名杨疡壳孢溃疡病，是杨树的一种毁灭性病害。感病树木造成树叶早脱落，苗木和幼树罹病很快枯死。大树一般造成树势衰弱，病斑围绕枝干一周造成枯梢和整株枯死。

分布：

锦州、阜新、沈阳、鞍山、辽阳；欧洲、美洲；近东各国。

寄主：

杨、柳。

病源：

有性型为子囊菌——间座壳科 *Dothichiza populea* Sacc. et Briard。

症状：

主要发生在主干，病菌由伤口、皮孔和芽痕处侵入，初期病斑呈水浸状，暗褐色，稍有凹陷。后形成梭形、椭圆形或不规则形的病斑，中央有一纵裂。病部韧皮组织溃烂，其下木质部也可变褐，老病斑可连年扩大，多个病斑可连接成片，造成枯枝、枯梢。后期在枯死枝干上皮下生有黑色颗粒（病原菌分生孢子器），呈同心圆或直线排列。遇潮湿溢出白色胶状体（分生孢子角），干后变为烟褐色，稍弯曲。以同心圆或成行排列于树皮上。

发生规律：

该病菌分生孢子以风、雨传播，一般从伤口侵入，一般 4 月中旬开始发病，5—6 月为发病盛期，7—8 月病势减缓，9 月又可见新的病斑出现，10 月以后停止扩展。一般光皮树种的感病程度重于粗皮树种，粗皮的木栓化程度较高，病菌不易侵入。日灼伤口有利于病菌的侵入，树干阳面的病斑数多于阴面。杨树在生长衰弱或土壤干旱、树体含水量低的情况下感病重。感病树木造成树叶早脱落，苗木和幼树罹病，很快枯死。大树一般造成树势衰弱，病斑围绕枝干一周造成枯梢和死树。

防治方法：

1. 严格检疫：严禁带病苗木出圃调出、调入。

2. 施药预防：苗木出圃前，用 70% 甲基托布津可湿性粉剂、50% 多菌灵可湿性粉剂 100~200 倍液浸泡插条 10 分钟。

3. 施药喷干：4 月上旬至 8 月初，用 70% 甲基托布津可湿性粉剂，50% 多菌灵可湿性粉剂 100 倍液；50% 代森锌可湿性粉剂 200 倍液，波尔多液 2 ∶ 2 ∶ 100 倍液，喷干 3~4 次。

4. 施药涂干：4 月下旬至 5 月上旬用钉板或小刀划破病斑或刮破病斑后，用 70% 甲基托布津可湿性粉剂，50% 多菌灵可湿性粉剂或 50% 代森锌可湿性粉剂 50~100 倍液，10%

碱水用毛刷蘸药涂抹于病部。

5. 白涂剂涂干：早春、晚秋在树干上涂抹白涂剂。

初期病斑

病斑开裂

被害状

被害状

大树后期被害状

幼树后期被害状

黑色颗粒（病原菌——分生孢子器）

4 杨树细菌性肿茎溃疡病 *Aplanobacterium populi* Ride

杨树细菌性溃疡病是世界性的杨树重要枝干病害，是我国森林植物检疫对象。该病以肿茎型细菌溃疡病症状为害尤为严重。

分布：

沈阳、阜新、鞍山、辽阳、铁岭、锦州、葫芦岛；东北、华北、华东、西北；日本；

北美、南非。

寄主：

杨、柳。

病源：

病原优势种是细菌——泛氏菌属细菌 *Pantoea agglomerans* Gavini et al.=*Erwinia herbicola*（Lohnis）Dye。

症状：

早春至初夏，发病初期在树干形成椭圆形、光滑的小瘤，直径约 1.0cm，逐渐增大，形成明显肿瘤，肿瘤部的韧皮部和木质部变色。随变色区的扩展和肿瘤的不断增大，于夏季开裂流出棕褐色黏液，有臭味。病害发展到后期，肿瘤不断形成，伤口不断扩大而不能愈合，形成增生的梭形瘤或长圆柱形瘤。木质部变色区以溃疡部位为中心，向上、下两个方向延伸，如果病害发生严重，向上一直到枝，向下到根，木材都变色，中心腐烂。

发生规律：

常发生在移栽的大苗和弱树上。病原细菌在病株多年的病斑内潜伏越冬，第 2 年春天潮湿多雨时，病菌开始活动，并从裂缝中流出细菌黏液蔓延。细菌的传播借助于雨水、风、昆虫和人为活动。从寄主皮孔、叶痕、托叶痕、芽鳞痕和各种伤口侵入，在侵入点周围形成溃疡斑。最初为隐性溃疡，随之出现开口或多年生溃疡，为害严重，木材变色，中心腐烂，树木枯死。

防治方法：

1. 严格检疫：严禁带病苗木、插条调运，对可疑的苗木、插条进行消毒处理。发现病株及时清除销毁。

2. 药物处理植苗：用链霉素 600ppm、水杨基酸 10ppm、乙酸苯汞 100ppm 和灭活的团泛氏菌 100ppm 浸泡插穗育苗，有明显的诱导抗病效果。

3. 药物喷干：在早春杨树萌芽前用 0.5 波美度石硫合剂喷干，预防感染。喷洒农用链霉素 600ppm 防冻保护剂或用 50%DT 杀菌剂、40% 复合克菌灵、10% 双效灵、5 万 ppm/mL 井冈霉素、12.5% 氯霉素 10 倍液灌根或喷干，均有一定的防治效果。

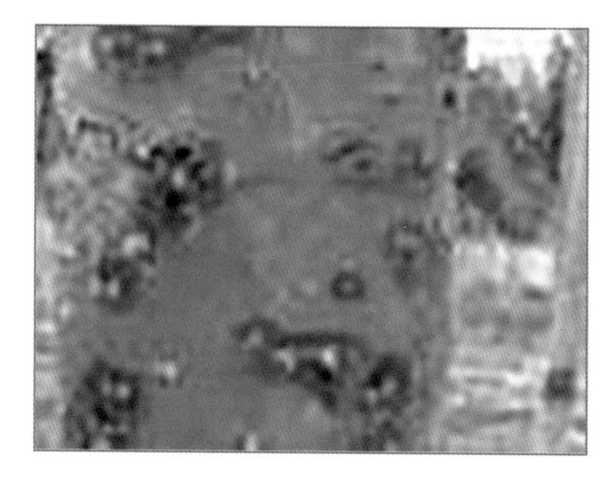

病斑

流出棕褐色黏液

初期被害状

被害状

梭形瘤长圆柱形瘤

被害状

被害状

5 杨树叶锈病 *Melampsora larici-poputina* Kaleb

杨树叶锈病，又名落叶松杨锈病。是一种严重为害杨树叶片、芽和嫩枝的病害，是世界性杨树病害。遇湿度大年份，易发生，严重时全树、全林树叶枯黄，提早落叶，严重影响树木生长。

分布：

东北、华北、西北、中南；欧洲、亚洲、美洲、非洲、大洋洲。

寄主：

杨。

病源：

担子菌——松杨栅锈菌 *Melampsora larici-populana* Kleb. 或杨多型栅锈菌 *Melampsora multa* Shang，Pei etZ.W.Yuan 和马格栅锈菌。辽宁发生杨树锈病多为杨多型栅锈病。

症状：

春天杨树展叶期，常可见到树上满布黄色粉堆，形状像黄色绣球花的畸形病芽。严重受侵的病芽经 3 周左右便干枯。在正常展叶背面发病初期出现淡绿色斑点，病斑扩展形成橘黄色斑点如小泡状，几天后小泡破裂散出黄粉堆（病菌夏孢子），感病重的叶上生满黄粉，故将此病又称为黄粉病。严重时夏孢子堆可联合成大块，且叶背病菌部隆起。8 月末，叶正面开始出现铁锈状斑，渐变深（病菌冬孢子堆）。被害严重时造成叶片枯死，提早脱落。

发生规律：

病原菌以冬孢子阶段在杨树病叶中越冬，翌年生成担孢子侵染落叶松或直接侵染杨树，产生性孢子及锈孢子。锈孢子成熟又侵染杨树叶上产生夏孢子，夏孢子在杨树上反复侵染，在降雨较多年份发病较重。感病重的全树叶片全部感病，提早脱落，严重影响树木生长。对苗圃苗木生长和新植幼树为害较大。

防治方法：

1. 加强经营管理：适度修枝，控制合理密度，避免树冠过密，影响通风和光照。

2. 清除病源：秋季清除感病落叶，集中烧毁，清除病源。

3. 人工防治：在初春病芽出现期，发现并及时摘除颜色鲜艳和形状特殊病芽，并随摘随装入塑料袋中集中烧毁或深埋。

4. 造林时严禁杨树和落叶松林混交和相近，避免交叉侵染。

5. 施药防治：发病初期，喷洒等量式波尔多液 100 倍液、波美度 0.3 度石硫合剂、25% 粉锈宁乳油 800 倍液、25% 多菌灵可湿性粉剂 500 倍液、70% 甲基托布津可湿性粉剂 1 000 倍液。

叶背黄粉（病菌夏孢子）

叶背黄粉堆（病菌夏孢子堆）

叶正面锈斑（病菌冬孢子）

叶正面锈斑（病菌冬孢子堆）

被害状

被害状

被害状

6 杨树灰斑病 *Mycospharrerella mandshurica* Miura-res

杨树灰斑病又名黑脖子病，为害多种杨树。病害多发生在叶片和嫩梢上，被害叶片提早脱落，嫩梢受害表皮颜色变黑，最后枯死，所以又称“黑脖子”病。病斑上部枯死易风折。对苗木、幼树为害严重。

分布：

东北、华北、西北、华东。

寄主：

杨。

病源：

无性态为半知菌杨灰星叶点霉菌（*Phyllosticta populea* Sacc）和杨棒盘孢（*Coryneum populinum* Bres.），东北有性世代为子囊菌——球腔菌（*Mycospharrerella mandshurica* Miura-res.）。

症状：

多发生在叶片和嫩梢上，初期为水渍状失绿斑点，很快发展成不规则形褐色斑，病斑渐渐扩大，最后中心为灰白色，边缘为灰褐色，后期遇湿病斑上产生黑绿色霉状物（分生孢子堆）。病斑常连成大块黑斑，叶背面无明显界限。嫩梢受侵染后出现黑色梭形斑，其后变黑萎缩下垂。杨树苗顶梢受侵染后，易出现多头梢。

灰斑型：病叶最初生出水渍状斑，很快变为褐色，最后变成灰白色，病斑周围为褐色。后期在病斑上产生许多小黑点。

黑斑型：在雨后或湿度大的条件下，病斑多从叶子尖端或边缘发生，迅速发展成大块坏死性病斑，在病斑上产生黑绿色霉层。

枯梢型：病菌侵染后导致嫩梢变黑枯死，而病部以上部分的枝叶为绿色，但很快死亡变黑，病梢常弯曲下垂或由此处折断，老乡称为“黑脖子”病。

发生规律：

病菌以分生孢子在落叶上越冬，翌年春分生孢子依靠风、雨传播，从表皮和气孔侵入萌发，6 月初发病，重复侵染。 8—9 月发病最盛，多雨年份发病重，黑脖子也多。造成叶片枯死，嫩枝断顶。10 月温度降低后基本停止发病。苗木、幼树发病率较高，为害严重。

防治方法：

1. 加强经营管理：苗木不要过密，及时间苗和修枝，保持通风透光。

2. 清除病源：苗木周围大杨树剪除萌条枝，减少传染病源。

3. 施药防治：5 月下旬、7 月上旬发病初期喷施 50% 多菌灵可湿性粉剂 500 倍液、50% 退菌特可湿性粉剂 500 倍液、50% 甲基托布津可湿性粉剂 800 倍液、10% 杀菌优水剂 600 倍液或 50% 速克灵可湿性粉剂 1 000 倍液，每隔 15 天喷洒 1 次。喷洒 3~4 次。

4. 人工防治：及时剪除病叶、病枝集中烧毁或深埋。

灰斑型叶初期被害状

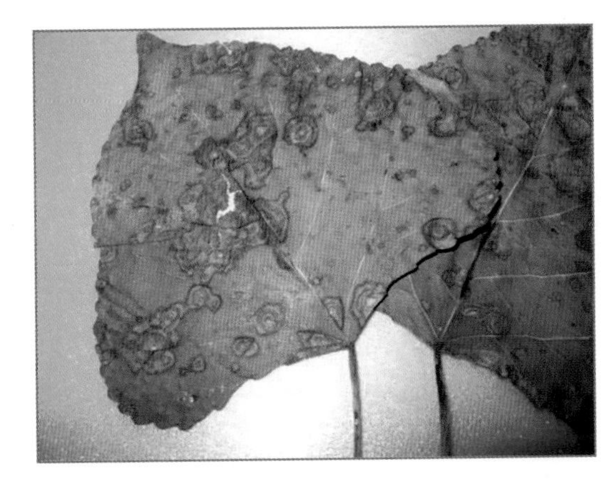
灰斑型叶被害状

黑斑型被害状

枯梢型被害“黑脖子”状

后期叶被害状

7 冠瘿病 *Agrobacterium tumefactions* (Smith et Townsend) Conn

冠瘿病又称根癌病、根瘤病、肿根病。主要发生在根颈处，也可发生在根部及地上部。由于根系受到破坏，故造成病株生长缓慢，重者全株死亡。地上部被害形成冠瘿肿瘤。被列入国内森林植物检疫对象。

分布：

世界各地。

寄主：

杨、柳及苹果、梨、山楂等600多种林木、果树等植物。

病源：

细菌土壤杆菌属——冠瘿病菌 *Agrobacterium tumefatcions*（Smitheand Townsend）Conn。

症状：

该病主要发生在根部，大树枝干上也感病。细菌侵入植株后，可在皮层的薄壁细胞间隙中不断繁殖，并分泌刺激性物质，使邻近细胞加快分裂、增生，形成癌瘤症。细菌进入植株后，可潜伏存活（潜伏侵染），待条件适合时发病。树根感病处初期形成灰白色瘤状物，表面光滑柔软，出现近圆形的小瘤状物，以后逐渐增大、变硬，表面粗糙、龟裂，颜色由浅变为深褐色或黑褐色，瘤内部木质化。在病瘤周围产生一些细根，最后形成许多突起小木瘤。枝干侵染发病处形成冠瘿肿瘤。感病植株矮化，叶片枯黄、早落，根系细小，须根少。称为根癌病、根瘤病、肿根病。

发生规律：

病原菌在病瘤、土壤或土壤中寄主残体内越冬，能存活1年以上。在2年内得不到侵染机会，即失去致病力或生活力。病菌靠雨水和灌溉水传播，从伤口侵入，也可通过气孔侵入。在切接苗、幼苗和土壤黏重排水不良圃地易发病亦重。被害树木造成树势衰弱、叶片变黄早落，严重被害树木死亡。远距离传播主要靠苗木和种条调运。被列入国家森林植物检疫对象。

防治方法：

1. 严格检疫：实行严格检疫，防止带病苗木调运，严格检疫是控制传播扩散蔓延的根本性措施。

2. 清除病源：发现感病苗木、树木立即清除，集中烧毁，消除病源。

3. 施药预防：用根癌宁30~50倍液、0.01%~0.02%链霉素溶液、1%硫酸铜、抗根癌菌剂1号1~5倍液等杀菌剂浸泡移植苗木根部，插条5~20分钟。

4. 土壤处理：用硫黄粉进行土壤消毒，用量50~100g/m^2。

5. 轮作预防：苗圃地轮作要2年以上，防止杨柳科、蔷薇科植物连作。

6. 人工防治：发现病瘤枝条立即剪除，在伤口涂杀菌剂。

7. 防治传媒：防治蛴螬、蝼蛄等地下害虫为害传播。

根茎、根被害状

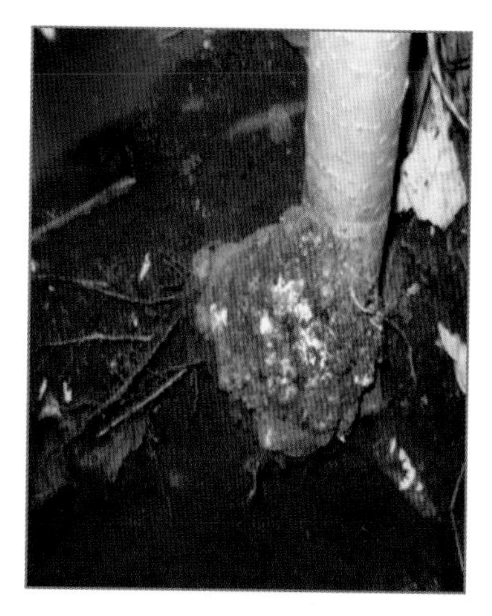

根茎被害状

枝干被害状

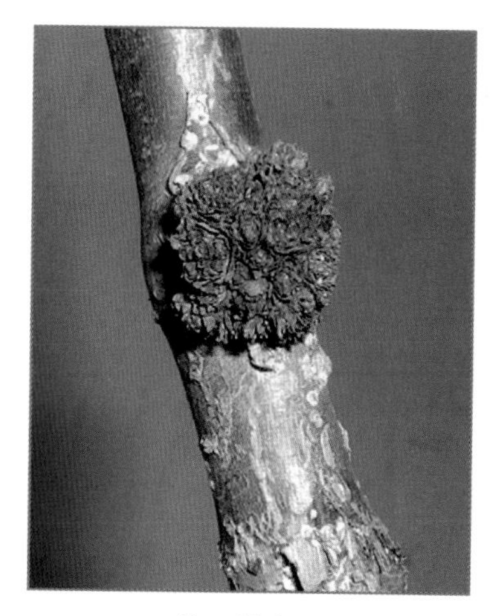

枝干被害状

大树干被害状

8 杨褐斑病 *Marssonina populicola* Miura

杨褐斑病又名杨苗黑斑病。为害叶、嫩梢，是杨树的主要叶部病害之一。造成叶萎早期落叶，树势衰弱。幼树为害严重枯死。

分布：

东北、华北、西北、华中。

寄主：

杨树、柳树。

病源：

半知菌——杨生盘二孢菌 *Marssonina populicola* Miura 和褐斑盘二孢菌 *Marssonina Brunnea* (Ell. Et Ev.) Sacc。

症状：

杨生盘二孢菌主要在叶部正面，有时也在背面发病，病斑 0.5mm，初期为红色，边缘较深，后变为黑色，圆形或多角形，再扩大成大斑，为不规则或大圆斑后变大。出现外缘黑色的小点，中间出现乳白色胶状物——分生孢子堆。在叶柄发病部，病斑红棕色或黑褐色小点，后变梭形，病斑多时叶柄发黑，叶脱落。在嫩梢上病斑梭形，形成溃疡，发病重的嫩梢冬季常枯死。被害叶扭曲，严重时全叶变黑褐色，枯死。

褐斑盘二孢病斑先出现在叶背，后在叶正面也有。病斑初为针刺状小黑点，后扩大变黑，直径 0.2~1.0mm，内有小点状分生孢子盘。放出分生孢子，经风吹到其他叶片上进行再侵染。

发生规律：

病菌以菌丝体在落地病叶或病枝病斑上越冬，翌年春产生分生孢子侵染，发病从树下部向上部蔓延，由雨水反溅传播，7—8 月发病盛期，病斑多数相连成片，到后期病斑中心变为褐色，上面生有黑点。黑点破裂后，放出分生孢子，经风吹到其他叶片上进行再侵染，9 月常造成树叶焦枯而脱落。10 月停止。高温高湿易发病。小苗感病全叶变黑死亡，不死小苗扭曲不直，茎叶变黑。严重被害苗木停止生长。

防治方法：

1. 土壤消毒：用土菌消 30% 水剂或 70% 可湿性粉剂，2g/m^2，进行土壤消毒。
2. 清除病源：秋末冬初清除落叶，集中烧毁。
3. 强化管理：防止苗木过密，影响通风透光。
4. 施药防治：发病初期叶面喷洒 65% 代森锌可湿性粉剂 500 倍液、50% 甲基托布津可湿粉剂、75% 百菌清可湿性粉剂 800 倍液、60~200 倍的石灰水。间隔 10 天喷 1 次药，喷 4~5 次。

初期病斑

病斑

被害状

被害状

9 杨树黑星病 *Fusicladium tremulae* Frank

杨树黑星病是杨树常发叶部病害，为害叶、叶柄和嫩枝。幼苗受害较重。发病重时，嫩叶变黑扭曲，老叶病斑累累，嫩枝变黑，满树枯焦，甚至枯死。

分布：

辽宁各地；黑龙江、吉林、河北、内蒙古、山东、河南、陕西、四川、贵州、新疆；日本；欧洲、北美洲。

寄主：

杨树。

病源：

有性态欧山杨黑星菌 *Venturia tremulae*（Frank）Aderh，杨黑星菌 *Venturia populina*（vuill.）无性态山杨黑星孢菌 *Fusicladium tremulae* Fraek。

症状：

主要发生于叶片，也为害新梢。病初叶面出现褪绿斑，叶正面病斑黄色，中央渐变褐色或黑褐色，病斑四周有1圈黄色晕环，在叶背面散生圆形黑色霉斑，大小0.3mm，随后在病斑上布满黑色霉层，即为病菌的分生孢子梗及分生孢子。叶正面在病斑相应处产生黑色或灰色枯死斑，周边有放射状细纹。病叶呈黄绿色，卷曲。严重时病斑相连，呈不规则形大斑，并不断向外蔓延到全叶。病斑受雨水冲刷有灰白色斑痕，可造成大量枯叶早落。嫩梢被害生满黑霉，嫩梢发病常变黑下垂。

发生规律：

病菌以分生孢子及菌丝在病落叶或病枝梢上越冬，翌年春季4、5月当杨树展叶时，新产生的分生孢子借风雨传播侵染。6月初开始发病，7—8月为发病盛期。在叶表皮下生菌丝，产生孢子露出叶面，病菌重复侵染发病可持续到10月。树冠下部首先发病，逐渐向上部扩散。被害嫩枝枯萎、叶变黑枯死提早落叶，常造成全株死亡。苗木发病重于幼树和大树。树冠下部叶片发病重于上部叶片，密植的幼林亦发病较重。另一种是病菌在落叶上越冬，第 2 年产生子囊孢子传播为害。

防治方法：

1. 施药防治：发病初期为 5 月中旬至 7 月初，每隔 15 天树冠喷洒 25% 瑞毒霉 1 200 倍液、50% 多菌灵可湿性粉剂 500 倍液、65% 代森锌 500 倍液、70% 甲基托布津 1 500 倍液或 1 份生石灰 ： 1 份硫酸铜 ： 125 份水配成比的波尔多液。

2. 加强管理：苗木不宜过密，注意控制圃地水分不宜过大。

3. 人工防治：人工剪除病叶，秋末及时清除落叶烧毁。

初期病斑

病斑

病斑

被害状

10 白纹羽病 *Rosellinia necatrix*（Hart.）Berl.

白纹羽病主要发生在树的根部，根系感病霉烂，被害树表现为树势衰弱，从顶梢开始叶片往下变黄，逐渐凋萎直至全株枯死。

分布：

全国各地。

寄主：

杨、苹果、梨、桃、杏、葡萄、马铃薯、蚕豆、大豆、芋、桑等 40 余种植物。

病源：

有性态子囊菌亚门——褐座坚壳菌 *Rosellinia necatrix*（Hart.）Berl. 无性态 *Dematophora necatrix*。

症状：

多先从须根发病霉烂，以后扩大到侧根和主根，病根表面缠绕有白色或灰白色丝网状物——根状菌索，后期霉烂根柔软组织全部消失，外部栓皮层如鞘状套在木质部外面，有时病根木质部结生黑色圆形菌核，地上部近土面出现白色或灰褐色薄绒布状物——菌丝膜，有时形成小黑点——子囊壳。

发生与为害：

病菌以菌丝体根状菌索或菌核在病根遗留，在土中越冬，翌年长出的营养菌丝侵入新根，逐渐侵入大根。白纹羽病发病时表现为树势衰弱，从顶梢开始叶片往下变黄，被害植株地上部分逐渐凋萎直至全株枯死。

防治方法：

1. 严格检疫：严格苗木检疫，发现疫苗不得外运，集中销毁。
2. 施药防治：苗木栽植前，根部用 20% 石灰水或 70% 甲基托布津 500 倍液浸根 1 天杀菌消毒处理。

3. 土壤处理：病害发生后立即在病株周围挖沟隔离，清除病株集中烧毁，周围土壤用石灰水灌注消毒。发病严重苗圃用福尔马林按 $500g/m^2$ 土壤消毒后再育苗。

根部被害状

11 杨树白粉病 *Uncinula mandshurica* Miura

杨树白粉病是杨树上常见的叶部病害，也为害新梢。病害发生严重时，叶片小，提早落叶，树木生长衰弱，对苗木为害较大。

分布：

东北、华北、西北、华东、华中。

寄主：

杨、柳、栎等多种阔叶树。

病源：

子囊菌——杨球针壳菌 *Phyllactinia populi* Jacz.\ 东北钩丝壳菌 *Uncinula mandshurica* Miura 和榛球针壳菌 *Phyllactinia corylea*（Pers.）Karst。

症状：

叶面感病初期出现褪色的圆形或不规则形黄斑，在叶背面或正面逐渐扩大，后长出白色粉末状物（病菌菌丝层及粉孢子），严重时白色粉状物可连片，致使整个叶片呈白色。新梢和嫩枝感病生白粉。秋后出现黄色至黑褐色粒状物（病菌闭囊壳）越冬。

发生规律：

病菌以闭囊壳内子囊孢子在落地病叶上和新梢病部越冬。翌年春季释放出子囊孢子，孢子从气孔初次侵染，后产生分生孢子，6—8 月分生孢子反复侵染，9—10 月闭囊壳逐渐成熟。被害叶造成枯死早落，影响树木生长。对苗木和幼树为害较大。

防治方法：

1. 加强管理：林内树木密度不宜过大，适度修枝，树冠保持通风透光。

2. 清除病源：秋季清除林地落叶集中烧毁，清除病源。

3. 合理施肥：注意肥料氮、磷、钾三要素搭配，防止苗木徒长。

4. 施药防治：雨季前，发病初期，树冠喷洒 20% 粉锈宁可湿性粉剂 1 000 倍液、10% 世高水分散粒剂 2 000 倍液、40% 福星 7 000 倍液、12.5% 腈菌唑 3 000 倍液、70% 甲基托布津可湿性粉剂 800 倍液、75% 百菌清可湿性粉剂 800 倍液。10 天喷施 1 次，连续喷 2~3 次。

初期病斑白粉菌丝层

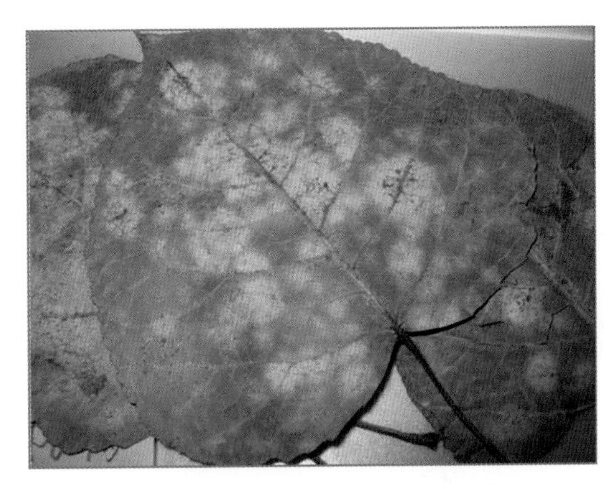

后期病斑黑褐色颗粒闭囊壳

被害状

12 杨叶黄化病（失绿症）

杨叶黄化病是较为常见杨树的一种生理性病害。指茎、叶的一部分或全部褪绿，而出现黄化或黄绿化的现象，病叶不能进行光合作用。病情日趋严重，全株叶片黄白色，造成生长衰弱，甚至死亡。

病源：

此病由缺乏铁、锌等微量元素营养不足引起。

发生规律：

以梢顶端幼嫩叶开始发病。病叶的叶肉组织变黄色或淡黄色，而叶脉仍保持绿色，随病情发展，致使全叶变为黄色至黄白色，叶缘变成灰褐色或褐色并坏死。

防治方法：

可用硫酸亚铁（黑矾）30~50 倍液浇灌根际土壤，追肥补施磷、钾肥料和铁、锌等微量元素。

病叶

被害状

三、林间常见天敌昆虫

（一）寄生性天敌昆虫

1. 赤眼蜂

2. 黑卵蜂

3. 金小蜂

4. 跳小蜂

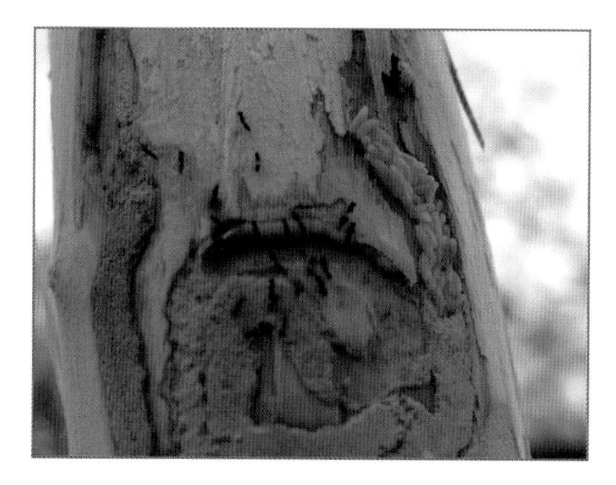

5. 肿腿蜂

6. 紫痣窄姬蜂

7. 稻苞虫黑瘤姬蜂

8. 姬蜂

9. 姬蜂蛹茧

10. 姬蜂茧

11. 黄胸茧蜂

12. 长兴绒茧蜂

13. 天牛茧蜂

14. 茧蜂寄生幼虫

15. 绒茧蜂蛹茧

16. 绒茧蜂的茧

17. 寄生蝇

18. 舞毒蛾克麻蝇

(二) 扑食性天敌昆虫

19. 草蛉

20. 食蚜蝇

21. 马蜂

22. 胡蜂

23. 瓢虫

24. 瓢虫

25. 猎蝽

26. 猎蝽

27. 猎蝽

28. 步甲

29. 虎甲

30. 螳螂

31. 郭公虫

32. 蠼螋

33. 食虫虻

参考文献

[1] 李亚杰.中国杨树害虫[M].沈阳：辽宁科学技术出版社，1983.

[2] 萧刚柔.中国森林昆虫[M].北京：中国林业出版社，1991.

[3] 何振昌.中国北方农业害虫[M].沈阳：辽宁科学技术出版社，1998.

[4] 徐公天.中国园林害虫[M].北京：中国林业出版社，2007.

[5] 徐公天.园林植物病虫害防治[M].北京：中国农业出版社，2003.

[6] 邱强.中国果树病虫[M].郑州：河南科学技术出版社，2004.

[7] 王云章.中国森林病害[M].北京：中国林业出版社，1982.

[8] 中国科学院动物所.中国蛾类图鉴 1、2、3、4[M].北京：科学出版社，1981–1983.

[9] 陈世骧.中国经济昆虫志第一册 鞘翅目天牛科（一）[M].北京.科学出版社，1959.

[10] 蒋书楠.中国经济昆虫志第三十五册 鞘翅目天牛科（三）[M].北京：科学出版社，1985.

[11] 赵养昌.中国经济昆虫志第二十册 鞘翅目象虫科（一）[M].北京：科学出版社，1980.

[12] 谭娟杰.中国经济昆虫志第十八册 鞘翅目叶甲总科（一）[M].北京：科学出版社，1985.

[13] 虞佩玉.中国经济昆虫志第五十四册 鞘翅目叶甲总科（二）[M].北京：科学出版社，1996.

[14] 张广学.中国经济昆虫志第二十五册 同翅目蚜虫类（一）[M].北京：科学出版社，1983.

[15] 杨平澜.中国疥虫分类概要[M].上海：上海科学技术出版社，1982.

[16] 王直诚.东北天牛志[M].长春：吉林科学技术出版社，2003.

[17] 朱弘复.蛾类幼虫图册[M].北京：科学出版社，1979.

[18] 刘振陆.森林病虫图册[M].沈阳：辽宁科学技术出版社，1986.

[19] 邓叔群.中国的真菌[M].北京：科学出版社，1963.

[20] 邵力平.真菌分类学[M].北京：中国林业出版社，1983.

[21] 邢岩.最新进口农药使用技术[M].沈阳：辽宁科学技术出版社，2001.

[22] 马爱国.林业药剂药械使用手册[M].北京：中国林业出版社，2008.